大学生心理健康教育与实训指导

主　编　王宇航　白　羽
副主编　徐　飞　李晓娟

ZHEJIANG UNIVERSITY PRESS
浙江大学出版社

图书在版编目(CIP)数据

大学生心理健康教育与实训指导 / 王宇航，白羽主编.
—杭州：浙江大学出版社，2013.2(2021.1 重印)
ISBN 978-7-308-11117-1

Ⅰ.①大… Ⅱ.①王… ②白… Ⅲ.①大学生—心理
健康—健康教育—高等学校—教材 Ⅳ.①B844.2

中国版本图书馆 CIP 数据核字(2013)第 022574 号

大学生心理健康教育与实训指导

主　编　王宇航　白　羽
副主编　徐　飞　李晓娟

责任编辑　吴伟伟 weiweiwu@zju.edu.cn
封面设计　林智广告
出版发行　浙江大学出版社
(杭州市天目山路 148 号　邮政编码 310007)
(网址：http://www.zjupress.com)
排　　版　浙江时代出版服务有限公司
印　　刷　杭州钱江彩色印务有限公司
开　　本　710mm×1000mm　1/16
印　　张　14.5
字　　数　252 千
版 印 次　2013 年 2 月第 1 版　2021 年 1 月第 8 次印刷
书　　号　ISBN 978-7-308-11117-1
定　　价　30.00 元

浙江大学出版社市场运营中心联系方式：(0571)88925591；http://zjdxcbs.tmall.com

目录
CONTENTS

第一章　努力做自己生活的主人
——大学生心理健康导论

心灵成长

关于成长

我们应该怎样区分一株活着的花和一株死掉的花呢？很简单，生长的那株花是活的。生命的唯一标志是生长发展。这一标准同样适用于精神世界，如果一个人在成长、发展，他就具有生命力；如果停止成长，他就失去了生命力。生命在每一个阶段经历体验的内容不一样，心灵成长也是终其一生的。

（一）心灵成长的现在时

1. 世界的视角。个体心灵成长根植于生长的社会文化环境。当代社会最主要的特点就是变化，在20世纪80年代到90年代之间，每隔七八年信息量就会增加一倍。从2000年到2002年，仅两年时间，信息量就增加了一倍。这些知识的增长主要归功于新科技。信息革命改变了世界上人们生活和商业的原有运作方式，推动了社会和文化的变迁。对这样的变化，一些人认为未来会更好，一些人对自然环境的灾难、人类的犯罪和经济等问题忧虑重重。未来会更好或更坏？我们的未来确定吗？人们在争论，目前并无共识。但这些问题无疑会对个体心灵成长产生重要影响。人们通常会很自然地把自己的未来预期与所生活的社会世界的未来联系起来。变化和不确定使一些人感到兴奋、富于挑战，却使另一些人感到不安全、忧虑无比。如同好莱坞电影展示的那样，人类的变化和科技进步可能使精神提升到更完善的状态，但对未来的焦虑同样使好莱坞产生了大量描述人类如何毁灭的电影。

今天的年轻人还愿意读《论语》、听《圣经》，这代表了两千多年来那些基础的人性并无大的变化，我们需要生存、安全，需要在人群和关爱中寻找归属，需要有尊严地活着，需要完善、提升并实现自己；与此同时，两千年来的社会和文化环境经历了许多动荡和断裂，至今已是完全不同。特别是近一百多年来的科技造成的社会文化变化更是巨大。人类是数百万年间缓慢演进的产物，这决定了人类的适应能力是渐进式缓慢发展的。但世界的快速变化迫使人类必须加快适应环境变化的速度。一部分人难以适应环境的快速变化，就会对心理产生很大的影响。

2. 中国的视角。中国还在努力转型为一个现代国家，还有很长的路要走。政治、经济、文化和自然环境都面临诸多问题，上述问题很多也会在家庭中反映出来。社会和家庭环境存在的问题会直接或间接导致个体心理问题的产生。所以一个关键的问题就浮现出来：你了解你所生活的社会和家庭在你心灵成长中的影响吗？

阅读材料 1-1

家庭与心理健康的关系

Fergusson 等(1995)的研究显示，青少年抑郁和家庭的社会地位、父母的矛盾、婚姻不和谐以及家庭生活时间有着显著的相关性。Enns 等(2002)的研究证实，不当的父母教养方式(其特点为批评性的、过度期待、缺乏关注、过度保护)，会导致孩子产生不良的信念(在这项研究中是非适应性的完美主义信念)，进而使得个体产生对抑郁的易感性。岳东梅(1991)对我国神经症患者早期家庭关系的研究表明，神经症患者的父母较正常人的父母有较少的关心和情感温暖，较多的拒绝、否认和过度惩罚。卢勤、周宏、邹昌玉(2010)对大学生的调查研究也发现，在民主型教养的家庭中成长的孩子心理健康水平较高。

(资料来源：卢勤、周宏、邹昌玉：《大学生心理健康理论与实践》，四川大学出版社 2010 年版。)

(二)关于心灵成长的文化视角

心理健康视角下的外部环境与个体内部心理关系体现在以下几个方面：

1. 个人导向与他人导向。我们所处的文化环境常常有意无意地暗示我们不要相信自己的判断，而这会使人们对能否掌控自己的身体和情感抱有疑问，导致自我怀疑和自我贬低。变化、不确定、问题丛生的世界要求个体具备更强的自我导向性。如果一个人的心灵世界是被外部关系或他人导向控制的，那么在一个变化无常、问题多多的世界里，个体心理世界就会破碎、断裂，充满不安全感和恐惧焦虑感，个体也很难知道自己是谁、要往哪个方向发展。个体的自我导向就是基于个人独立的态度、偏好和判断发展起来的一套心理系统，功能类似于导航仪。无论身处何地，都能准确定位自己，一个自我导向性的个体相当于在内心世界构筑了一个安顿心灵的大厦，可以为心灵遮风避雨。

变化、不确定、问题丛生的世界要求个体具备更有效能的心理状态。学习新知识、适应陌生环境、解决新问题，甚至于改造环境，都要求个体具有较高的心理效能。如何让自己的心理保持最好的状态，开发自己的潜能是现代世界的人要思考的重要问题之一。

一些心理学家把独立、乐观的人称为自我实现者。独立自主或自我实现的人对他们的生活负责，而且会认真地考虑分析他们的选择，但是他们还是会时刻留意，并且有勇气承认错误并改正他们的选择。下面是一个关于自我导向的测试。

心理解码

你掌握着自己的生活吗?

说明：如果下面的陈述对你来说是符合的，在T上画圈；如果对你来说是不符合的，在F上画圈。

1. 我喜欢与他人(朋友和家人)相互联系。　T　F
2. 有时候我很难就对我的生活有重大意义的事情作出决定。　T　F
3. 在教育、事业、社交圈等方面，我有很多选择。　T　F
4. 我的朋友比我更擅长作出高效而明智的决定。　T　F
5. 帮助弱者让我感到极大的满足。　T　F
6. 如果有选择，我会做安全而不是冒险的事情。　T　F
7. 我认为诺言就是诺言，不应该违背诺言。　T　F
8. 困难的决定总是使我气馁，因为我对自己的决策能力没有信心。　T　F

9. 无论我在哪儿(例如工作场所或学校),我都会承担我的责任。 T F

10. 有时候我没病也请病假,因为我不想上班或学习。 T F

11. 我会把我的钱投资到有风险的但是有挑战性的事情上。 T F

12. 有压力时,我感觉我的生活失去了控制。 T F

13. 我完全了解我是谁、我的位置和我的个人目标。 T F

14. 一些慈善机构号召我捐钱,侵犯了我的隐私时,我会感到不安。 T F

15. 如果我向别人借钱的话,我一定会还的。 T F

16. 我讨厌别人干涉我自己的业余生活。 T F

评分:做这些题目的目的是自我评估,促使你考虑自己在多大程度上掌握或者引导自己的生活。偶数题是从否定的方面出发,所以如果你的答案是"F"的话,你就可能具有"掌控"的态度或者实施着自我导向。奇数题是从肯定方面出发,所以选择"T"说明你可能具有自我导向的能力。

偶数题中选择"F"的题目总数________________

+奇数题中选择"T"的题目总数______________

=自我导向总量______________________

你的自我导向总量越大,你的自我导向能力就越高。现在记住你的分数,继续阅读本章。注意你可以在哪些方面加强自我导向能力,以及如何加强。

2. 成长中的延续与变化。对于心理学家和一般大众而言,人类成长时的变化程度都是个重要问题——我们的个性真的会改变吗?还是一生都保持不变?我们会随着年龄的增长而自然变得成熟吗?我们是间歇性地变化还是持续不断地变化?什么使得我们改变——是很多小事的积累,还是某个大事件?

一个世纪以前的心理学家和大众认为,基因和早期经历对发展有决定性的影响,而一旦成年我们就不会改变了。随后,在20世纪60年代到70年代之间,新发现和社会趋势表明人们在成年后还会继续成长。如今,专家们认为延续和变化两者对发展都非常重要。

心理学家们发现了一些证据,表明人们的人格在人生中保持稳定。稳定程度最高的应属内向性和外向性,它们反映了个体的社交性、热情和自信程度,包括诸如抑郁和敌意这类特征的"神经质"方面,也表现出相当的稳定性。因此,在十几岁时好表现、外向的人通常在成年之后也是如此;在十几岁时羞怯、内向的人通常在成年后也保持不变。纵向研究(即在一段长时间内跟踪研究同一对象)表明,焦虑、敌意和冲动在成年后会有轻微的下降。

支持稳定的心理学家表明,即使人们由于个人成熟和生活经历发生了改变,个体间的独特差异仍是保持不变的。例如,一个容易冲动的 20 岁女孩在 55 岁时可能会比以前更深思熟虑些,但还是会比其他同龄人更冲动。人们的年龄越大,人格的稳定性越明显。所以,人们从 30 岁到 40 岁的稳定性要比从 20 岁到 50 岁的稳定性强。部分原因是由于我们选择了环境,并与那些帮助我们保持这些特点的人结婚。

其他研究者承认稳定的重要性,但同时也强调发展中的变化。他们指出只有某些特征会相对稳定,如内向性—外向性、焦虑和抑郁。这些研究者指出,有些人在其他方面更容易改变,例如自尊、对环境的控制和价值观。相信变化的人们,从体重观察者到社会观察者,都强调变化的潜力,强调在成年后也要对变化持开放的态度。

最后,延续与变化之间的平衡不仅存在于学术讨论,也存在于我们自身。我们能够在多大程度上朝着期望的方向发展或改变,这取决于我们对稳定和变化的追求哪一个更优先,或者说,我们有多想改变,有多想过一种不同的生活。所以,具有传统价值观的人倾向于在生活中表现出很高的稳定性,除非某些事情使他们改变。能够改变他们根深蒂固的个性的因素常常是突然而重大的事情,这种情况下人们的看法和个性才可能被显著地改变。相对地,重视个人成长的人除非被困住,否则一生都将持续不断地在改变。

我们体验到的内心世界更像是想法、感觉和意义的持续不断的流动,因而我们更容易在回顾过去的时候认识到自己的成长。

个人成长的经历通常会遵循三个阶段的周期。它开始于(1)我们认识我们内部或我们周围的环境的变化,这引起了(2)一种不和谐或不满足感,这就促使我们(3)以某种方式重新组织我们的体验,例如对我们自己或他人采取新态度。

心理视点

一、心理成长与健康

心理健康有助于获得积极的人生体验,有利于促进人生境界的提高,形成积极向上的人生意境。

（一）健康—不健康

心理也像生理一样，会有毛病。心理有了毛病，不是什么见不得人的事，从某种程度上讲，它是生命过程的正常组成部分。既然一个人的身体会感冒，那么人的心理也可能会“感冒”。有关心理健康和不健康的话题在学术界和临床心理事件中的讨论态度是不同的。学术界出于理论、规律、标准的学术要求会倾向于制定一套界定健康与不健康的标准。而临床实践者常常很不愿意随意用一个心理障碍标准作为标签贴到某个人的身上，原因就在于众所周知的自我暗示性，以及心理症状的复杂和变化。

理论界和实践者的共识是要对心理状态进行分类，对心理健康和不健康的一个大体区分有：对心理有障碍者的心理症状描述和症状分类体现在精神疾病分类诊断标准中。这类标准目前有三套：美国精神病分类诊断标准第四版（DSM—Ⅳ），国际精神疾病分类诊断标准第10版（ICD—10），中国精神疾病分类诊断标准第三版（CCMD—3）。这些标准主要是以医学诊断模式建立的。鉴于精神疾病的复杂性，一些临床心理治疗者更愿意使用精神分析学派的概念来分类，如意识和无意识、心理防御机制、自我同一性程度、理想自我和现实自我的分裂整合、客体关系的评估等。

对于基本没有心理障碍者或者说没有大的心理障碍者来说，大学生阶段心理成长的主要任务是认识自己和社会、扩展丰富自己的精神世界、完善自己的生命意识（其中包括对生命和死亡的意义的思考）、思考职业方向、发展与他人的关系、提高学习效能、完成自我认同等，这些成长任务对于有心理障碍者来说同样是需要做的。但相对他们被一些障碍困扰的处境来说，他们的成长中更优先的是要解除这些障碍。

（二）心理健康的界定

哲学家叔本华说，一个健康的乞丐比患病的国王更幸福；教育家洛克则强调，若没有健康，就没有幸福。也许健康不等于幸福，但是没有健康就难以幸福，而没有心理健康肯定不会有真正的健康。

1. 健康的整体含义

健康是人类赖以生存和发展的基本条件之一，亦是旺盛生命力的重要标志。健康不仅是人们快乐生活的需要，而且是人类创造物质文明和精神文明的社会发展基础。

1946年，世界卫生组织（WHO）在《世界卫生组织宣言》中开宗明义：“健康不仅是没有疾病和虚弱现象，而且是一种个体在生理上、心理上、社会上完全安好的状态。”1978 年，国际初级卫生保障大会发表《阿拉木图宣言》，再次重申了健康整体、全面、综合的观念，指出“健康不仅是疾病与体弱的匿迹，而且是身心健康、社会幸福的完善状态”。1990 年，世界卫生组织公布了健康的定义：一个人只有在躯体、心理、社会适应和道德四个方面都健康，才算是完全健康。在生理健康和心理健康两部分中，心理、社会适应和道德都可以纳入心理健康之中。

根据现代生物—心理—社会医学模式，世界卫生组织提出，健康是一种生理、心理与社会适应都臻于完满的状态，有 10 个方面的标准：

(1)有足够的、充沛的精力，能从容不迫地应付日常生活和工作的压力而不感到过分紧张。

(2)处事乐观，态度积极，乐于承担责任。

(3)善于休息，睡眠良好。

(4)应变能力强，能适应环境的各种变化。

(5)能够抵抗一般性感冒和传染病。

(6)体重适当，身体匀称，站立时头、臂、位置协调。

(7)眼睛明亮，反应敏捷，眼睑不发炎。

(8)牙齿清洁，无空洞，无痛感，齿龈颜色正常，无出血现象。

(9)头发有光泽，无头屑。

(10)肌肉、皮肤富有弹性，走路感觉轻松。

2. 心理健康的含义

(1)心理健康是内外协调的良好心理功能状态。大多数学者强调个体内部的协调和外部的适应，都视心理健康为一种内部协调的良好心理功能状态。另外，在理解心理健康的含义时，还应注意到心理健康有广义和狭义之分。广义的心理健康，是指一种高效而满意的、持续的心理状态；狭义的心理健康，是指人的基本心理活动的过程内容完整、协调一致，即知、情、意、行、人格完整协调，保持一种良好的适应社会状态。

(2)心理健康不是绝对完美的心理功能状态。所谓良好的心理功能状态，并不是绝对的，而是相对的。即个体心理在自身和环境条件许可的范围内，所能达到的最佳心理功能状态，而不是绝对完美的心理功能状态。良好心理功能状态的相对性，包含两层含义：一是与大多数人相比，个体的心理功能是正常的；二是心理健康与心理疾病是心理功能状态这一序列的两级。它们是一种相对关系，并不是一种非此即彼的关系。

(3)具备基本的调适能力和较高的发展水平，即人在内部和外部环境变化时，能持久地保持正常的“心理状态”，是诸多心理因素在良好态势下运作的综合体现。

中国学界为心理健康确定了以下标准：

(1)充分的安全感。安全感是人的基本需要之一。抑郁、焦虑等心理，会引起消化系统功能的失调。

(2)充分了解自己，对自己的能力作出恰如其分的判断。超负荷的工作，会力不从心，给健康带来麻烦。

(3)生活目标切合实际。如果个人目标定得太高，必然会产生挫折感，不利于身心健康。

(4)与外界环境保持接触。人的精神需要是多层次的，与外界接触，一方面可以丰富精神生活，另一方面可以及时调整自己的行为，以便更好地适应环境。

(5)保持个性的完整和和谐。个性中的能力、兴趣、性格与气质等各种心理特征必须和谐而统一，方能得到最大的施展。

(6)具有一定的学习能力。现代社会知识更新很快，为了适应新的形势，就必须不断学习新的东西，使生活和工作能得心应手。

(7)保持良好的人际关系。人际关系中，有正向积极的关系，也有负向消极的关系，而人际关系的协调与否，对人的心理健康有很大的影响。

(9)能适度地表达和调节自己的情绪。人有喜怒哀乐等不同的情绪体验。不愉快的情绪必须释放，以求得心理上的平衡。但发泄渠道要合理，否则，既影响自己的生活，又加剧了人际矛盾，于身心健康无益。

(10)有限度地发挥自己的才能与兴趣爱好。人的才能和兴趣爱好应该充分发挥出来，但不能妨碍他人利益，不能损害团体利益。

(11)在不违背社会道德规范下，个人的基本需要应得到一定程度的满足。

(三)大学生的心理健康现状

在日常生活中，人人都会遇到心理困扰，处于人生多变期的大学生尤其如此。2010—2011 年一项关于中国大学生心理健康状况的网络调查发现，九成多的大学生有过心理方面的困扰，仅有 27%的大学生表示自己没有心理困扰，另有 3%的大学生选择没有想过这个问题。该调查还反映，引起大学生心理问题的原因依次是人际交往带来的压力问题(67%)、就业压力(55%)、自我管理能力不强(51%)、情感问题(48%)、人生发展与职业选择上有困难(48%)、对周围环境的不适应(45%)、学习压力(44%)、经济困难

(26%)、不适应大学生活(16%)。这个调查结果说明，心理困扰在大学生中是比较多见的。

新的学习和生活环境会带来新的问题和压力，而新的问题和压力常常会带来一些心理困扰，很多大学新生都会遇到适应问题。除了适应问题，大学生还常遇到的心理困扰有：人际关系问题、学业问题、恋爱与性问题、人生发展与职业选择问题等。

阅读材料 1-2

安娜·弗洛伊德对青少年的描述

在相当长的时间里，青少年举止前后不一，难以预测是否是正常人现象，例如，抑制自己的冲动而又接受冲动；能成功地抵挡住冲动又能被冲动压制；爱自己的父母同时又恨他们；反抗父母同时又依赖他们；在别人面前很羞于承认自己的母亲，却又意外地渴望同她交心；靠模仿和认同别人而发展，同时又从中寻找自己的个性；青少年时期，比今后任何阶段都更理想化，更具有艺术家的气质，更慷慨和无私，但同时又有各种反面的品质，自私自利、以自我为中心、为自己打算。这种处在两级间的波动在一生中任何其他时候都会被看作是很不正常的，成人的性格结构要花很长时间才能出现。

在这一成长阶段的终点，我们学会了掌握约束与享乐、满足间的平衡，我们就在精神混乱中建立起某种新的秩序。

(四)影响大学生心理健康的内在因素

1. 生理因素。影响大学生心理健康的生理因素主要有神经系统、遗传因素和内分泌系统等，心理是大脑的功能。有外伤、中毒、发育不良的脑组织会损害人的认知能力，也会对情绪的产生和控制、意志行为的控制造成损伤，甚至导致精神障碍。

(1)遗传因素。越来越多的证据表明，某些心理和精神疾病具有遗传性。比如，如果父母患有精神分裂症，则子女患精神分裂症的概率明显增加。同样，如果父母患有抑郁症，子女也比一般人更容易患抑郁症。行为遗传学甚至发现，乐观、快乐等积极的心理品质也同样具有遗传性。

续表

维度	标准
6. 对环境的控制能力	具有爱的能力并建立了令人满意的性关系； 有足够的爱、工作和娱乐； 人际关系适宜； 能够适应环境的要求； 具有适应和调节自身的能力； 能有效地解决问题。

资料来源：Jahoda M. Current Concept of Positive Mental Health：A Report to the Staff Director, New York；Basic Books，1985，转引自江光荣：《心理咨询的理论与实务》，高等教育出版社 2005 年版。

二、大学生心理健康的努力方向

对于青年大学生来说，提高自我觉察能力，提高自我掌控能力，是心理健康的基本努力方向。

（一）提高自我觉察能力

许多理论家思考过自我认识和心理健康的关系。其中大部分人的结论是正确认识自我是心理健康的一个标志。心理健康意味着真实地接受自己、认识自己，而不歪曲自己；即使与理想自我不符合也能坦然接纳。众多的心理治疗方法也持这种观点，只有个体能真实地看待自我时才会达到心理健康。从某种意义上说，这个断言无疑是正确的。一个狂妄自大的或者认为自己的行为由外星人决定的人并不是一个心理健康者。

但真实客观地认识自己就一定会心理健康吗？目前研究表明，抑郁者和非抑郁者对自我认知的区别在于：抑郁者倾向于低估自己对环境结果的影响，控制能力弱，对未来消极；非抑郁者倾向于发现自己的优点，正确估计自己对环境结果的影响能力，对未来抱更积极的希望，更乐观地看待自己，当然也可能会夸大自己控制预期结果的能力，他们对未来的看法比真实的情况更乐观。显然非抑郁者的心理更健康。

但这并不意味着越积极看待自己就越好，这里存在着一个适度问题，还要区分病理性自我夸大如自恋、人格障碍、狂躁症等和来自于内在成长需要的自我夸大。后者的自我夸大导致更积极乐观地生活。总体来说，提高自我觉察能力是走向心理健康的努力方向之一。

（二）提高自我掌控能力

认识自己并主宰自己的命运，既是一个哲学问题，也是一个心理学问题。人们一直渴望认识自己并主宰自己的命运，内在导向者的自我掌控能力更强。他们的幸福、喜怒哀乐较少建立在他人基础上，而是建立在自己稳定的内心上。

实验实训

重建新的生活习惯

（一）学习改变自己

步骤1：尝试对自己进行全面观察，按照你的习惯，在一天、一周、一个月甚至一年中你会做些什么，列出10～20项。

步骤2：现在，一个基本的做法就是：在一段时间内做与过去相反的事情！

——如果您以前是很主动的，现在尝试更多地成为一个不做事情的人。

——如果您过去每次都到不同的餐厅就餐，选择不同的地点休假，现在尝试成为一个一成不变的人。

——如果您过去是个“夜猫子”，早上情绪不好，现在尝试成为一个早起的人。

——如果您过去是健康的“信徒”，今后尝试生活的“不健康”。

——如果您过去只听古典音乐，现在尝试听听流行音乐。

——如果您过去习惯穿得很传统，现在尝试一个牛仔服的造型。

——如果您过去留的是长发，现在尝试留留短发。

——如果您过去不施粉黛，现在尝试化化妆。

——如果您过去不做饭，现在尝试做一下。

——如果您过去是个安静的人，现在尝试变得吵闹一些。

——如果您过去一直听新闻，现在尝试不去听。

——如果您过去拒绝宗教和精神领域的东西，现在尝试研究一下。

——如果您过去花很多钱，现在尝试作些改变。

……

如果你尝试改变了你的生活，增加了新的生活内容，感受到新的体验，然后你要记住把它们记录下来——记住这个改变的开始！

（二）内心安全感与外界安全感

步骤1：现在换个方式体验一下你是一个内心控制的人吗？或者多大程

度上是?

很早以前,你曾在学校里学过写作文。老师告诉你,要先写一个好的开头,然后写出有条理的正文,最后再写上结尾。遗憾的是,你可能将同样的顺序运用于自己的生活,将整个生活过程视为一篇作文:“开头”是为成人期做准备的童年,“正文”便是安排、计划得有条有理的成年阶段,而“结尾”则是退休阶段和幸福的晚年。所有这些有条理的思维使得你无法生活于现实之中。根据这一计划,生活意味着稳妥的一生。安全感意味着知道将要发生的事情;意味着没有激情、没有风险、没有意义;意味着没有发展,而不发展则意味着死亡,这种所谓的安全感是荒谬的。只要你生活在地球上,只要社会在改变,你就永远不会得到安全。退一步讲,即使这种安全感不是荒谬的,也是一种消极的生活方式。确定的已知计划排除了生活中意外的兴奋感,因而也排除了发展的可能。

上面讲到的安全感是指外界的保障,如金钱、房产和汽车等物质财富,或者是工作或社会地位等生活保障。但是,世界上存在着另一种值得追求的安全感,这就是内心安全感。所谓内心安全感,就是相信自己能够处理好任何事情的安全感。这是唯一的持久安全感,唯一的真正安全感。财物终归会毁坏,经济衰退会使你耗尽钱财,房产也会被别人占有,但是唯有你自己,可以信赖,可以依靠。你应该相信你的内在力量,而将财产、工作或社会地位仅仅视为你生活中令人愉快但可有可无的附属物。

步骤 2:现在,请做这个练习。假定此时此刻,当你正在阅读这本书时,突然有人扑向你,把你全身衣服剥光,扔到直升机上。假设直升机把你运到非洲的某地,留在一片荒地上。你既没预先得到警告,也没有任何钱财,除你自己之外,一无所有。你将面临新的语言、新的风俗习惯、新的气候,而你的全部所有仅仅是你自己。在这种情况下,你将生存下去,还是因愁困而死?你会结交新朋友、找到吃的住的呢,还是仅仅躺在那儿哀叹自己多么不幸?如果你需要的是外部安全感,你将无法生存下去,因为你的所有个人财物都已被人剥夺。然而,如果你具有内心安全感,并且毫不畏惧,那你就会活下来。这样,我们就可将安全感的定义改为:知道自己可以应付各种局面,包括没有任何外界安全条件的局面。不要跌入那种外界安全感的陷阱之中,因为这样你就不能生活、不能发展、不能有所作为。看看那些无须外界安全感的人,他们并不事事都订好计划,却可能事事走在前面,至少他们可以尝试新的经历并避开那种苟且偷安的思维陷阱。

（三）判断与选择

步骤：根据下面 25 个问题，你可以衡量自己选择幸福和实现抱负的能力。尽可能客观地回答这些问题，以此来评价和估量你自己，评价和估量你现在的生活。肯定的答复表明你有自制力，能够积极作出抉择。

1. 你认为你的头脑属于你自己，是吗？
2. 你能控制自己的情感吗？
3. 你的动力来自内心世界，而不是来自外界环境？
4. 你不需要别人的赞许吗？
5. 你为自己制定行动准则吗？
6. 你不渴求正义和公正吗？
7. 你能不加抱怨地接受自己吗？
8. 你不崇拜偶像吗？
9. 你是个实干家，而不是批评家，是吗？
10. 你欢迎神奇的未知吗？
11. 你能不以贬义词描述自己吗？
12. 你能始终如一地爱自己吗？
13. 你能自我发展吗？
14. 你摆脱了所有依赖性吗？
15. 你在生活中不再埋怨和挑剔吗？
16. 你不再内疚悔恨吗？
17. 你能不为将来而忧虑吗？
18. 你能给予他人以爱并得到他人之爱吗？
19. 你在生活中能避免动怒吗？
20. 你在生活中不再拖延时间吗？
21. 你会积极地承受失败吗？
22. 你能未经计划就自然而然地使自己愉快吗？
23. 你很富有幽默感吗？
24. 你对别人待你的方式满意吗？
25. 你是以自己的发展潜力，而不是以弥补不足的需要为动力，是吗？

在你生活的任何时候，只要你愿意放弃一生中学到的许多“应当”“必须”等框框，你就会对上述问题回答“是的”。你面临切实而重要的选择：是否继续活在别人对你的期望里。

（四）关于身份认同

步骤：这些问题涉及"我是谁？""我是怎样的？"一类问题。补充未完成的句子：

1. 我最害怕的是……
2. 当别人贬低我时……
3. 我对他人最不信任的地方是……
4. 当别人……时，我会生气。
5. 我最不喜欢自己的一点是……
6. 我会感到难过的时候是……
7. 我希望我父母知道……
8. 当我喜欢的人不喜欢我时……
9. 如果我不得不把自己归为消极的或野心勃勃的人，我会……
10. 作为人（女性、男性）最难的是……
11. 我之所以穿这样的衣服，是因为……
12. 当别人像我父母那样对待我时，我……
13. 我童年记忆中最痛苦的一件事是……
14. 只要……，我家里情况会更好一些。
15. 我记忆中最害怕的一件事是……
16. 自己的性格优点中我最喜欢的是……
17. 当我喜欢的人不同意我的意见时，我……
18. 当某人喜欢我，而我不喜欢他（她）的时候，我……
19. 我喜欢……
20. 最快乐的时光是……
21. 上学时……
22. 我没能……
23. 我需要……
24. 我最棒的地方……
25. 我讨厌……
26. 这地方……
27. 唯一的麻烦是……
28. 我秘密地……
29. 我不理解为什么……
30. 当……时，我好像做得很不错……

31. 对我的家庭来说,最幸福的事是……
32. 对我来说,所能发生的最棒的事是……
33. 对我来说,最困难的一件事是……
34. 当我坚持自己的意见时,人们……
35. 如果我能改变自己……
36. 我最羡慕别人的一件事是……,因为……
37. 我最需要从别人那里得到的是……

(五)关于自我探索

步骤:这部分问题也是身份认同的内容,但是更具体、更深入,需要进一步探索。补充未完成的句子:

1. 我习惯做……的白日梦。
2. 我父亲……
3. ……是错误的。
4. 我的家庭……
5. 我鄙视……
6. 我经常想……
7. 我最害怕……
8. 我妈妈……
9. 有一天我……
10. 我很羞愧……
11. 我希望……
12. 在我不同意某人的意见时,我尊重……
13. 我喜欢我的爸爸,但是……
14. 在家里……
15. 如果我能变成小孩子……
16. 我最大的理想……
17. 有时我想杀人……
18. 如果……我会非常快乐。
19. 我的大部分朋友都不知道我害怕……
20. 爸爸和妈妈之间很大的区别就是……
21. 我最大的错误是……
22. 我希望我的爸爸……
23. 我不喜欢……样的人。

推荐电影

《自然法则之吸引定律》

推荐理由：你所想的，和你所感觉到的和所呈现的事实，总是一致的。

人的思想是有频率的，你想到什么就会吸引来什么。如果你害怕自行车会被偷，那么它就很可能被偷或者一定被偷。如果你抱怨某件事情不好，那么你就会创造出更坏的东西。

所谓吸引定律，又称吸引法则，是指世间万物皆由能量或者振动频率组成，相同的振动频率相互吸引，并引起共鸣。人类的意识也是能量的一种，正面的思想会促成积极的结果，反之负面的能量则会吸引不好的结果。在很久以前，大多数的人类并不知晓这个定律，它作为一个秘密被历史上的伟人、名人以及出色的民族所知晓。为何1%的巴比伦人掌握了世界96%的财富？为何比尔·盖茨会成为曾经的首富？吸引定律的研究人员认为，一切皆因这个定律而起。财富、健康、家庭、事业、爱情，那些求之不得的东西，尝试转变一下思维，或许便有不错的结果。一切的一切，信不信由你。

第二章　做最好的自己
——大学生的自我意识

知人者智，自知者明。胜人者有力，自胜者强。

——老子

心灵成长

一、校园故事

天资聪颖的晓宇，学习勤奋刻苦，从不甘人后，对自己要求严格。大学一年级第一学期考试后，晓宇的成绩在全班名列第一。然而，当他看到几个学习成绩不如他的学生干部在学生活动中忙前忙后，备受同学关注时，心里很不是滋味。他决心超过他们，保持各方面“第一”的地位，心想“不能让别人说自己是书呆子”。新学期开始后，晓宇将大部分精力投入到学生活动中，有时甚至逃课去筹划活动。然而，一个人的时间和精力是有限的，他的学习成绩开始下滑。大二开学了，晓宇仍在学生工作方面倍加努力，学习也非常刻苦。当他考试不及格时，他认为是自己不够努力。于是就罚自己一天不吃饭，以提醒自己更加刻苦地学习。然而，他的成绩还是越来越糟，他一再惩罚自己，陷入了恶性循环之中。这时的晓宇开始迷茫，觉得自己好没用，感到没脸见父母……

案例中的晓宇，由于没有充分地了解自己、认识自己，没有给自己一个正确的定位，以超乎想象的高标准严格要求自己，盲目追求全面的成功，因而造成了自己学习上的失败，也给自己带来了过高的精神压力。

※※※

20 多年前，一个女孩在北京的一所大学求学。大学里的大部分时光，她都在疑心、自卑中度过。她疑心同学们会在暗地里嘲笑她，嫌弃她肥胖的身材。平时她穿衣服很挑剔，只穿蓝、灰、黑三种比较显瘦的颜色。她不敢穿裙子，不敢上体育课。她大学结业的时候差点毕不了业，不是因为功课差，而是因为她不敢参加体育跑步测试。老师说:"只要你跑了,不管多慢,都算你及格。"可她就是不敢跑,因为她惧怕自己肥胖的身体跑起步来愚笨的样子会遭到同学们的嘲笑。她对此茫然不知所措,只能傻乎乎地跟着老师走。老师回家做饭去了她也跟着。最后老师烦了,勉强算她及格。那时,走在街上,谁看她一眼,她就停下来,直盯着他,直到把人家盯走为止,因为她觉着别人在嫌她胖。因此,她无时无刻不在跟别人的眼神、跟自己的情绪进行无声的"厮杀",活得紧张极了。后来,她终于冲出了心理阴影,一下子觉得跟生活、跟众人、跟自己没"仇"了。当满街的人都看她"胖"的时候,她不减肥。她说:"我感觉胖并不是缺陷。胖与瘦好比说你是双眼皮,我是单眼皮;你爱吃鱼香肉丝,我爱吃豆腐白菜。不少人都有盲目的从众心理,仅仅因为现在瘦人比胖人多,就觉得凡是胖子必得减肥才合乎情理。""人是靠一股子气活着,没有这股气我就无法活了,想想那一阵,觉得好险,我差点就毁在那上面,就因为对自己没信心。我现在挺好,干吗要减肥!"

这位从自卑中彻底摆脱出来的人,就是中央电视台著名节目主持人张越。她的主持也许不如赵忠祥"老到",不如倪萍"煽情",她的外表更谈不上漂亮,但是,当她以其一鼓作气、义正词严的气势,滔滔不绝、丝丝入扣的分析,机智诙谐、犀利深刻的语言出现在电视屏幕上的时候,显示出她的一种个性,最终成为一名完全依靠才气,丝毫没有凭借外貌而颇受观众喜爱的节目主持人。

张越的成功,首先得益于她自我意识的改善。她的经历告诉我们,只有对自我有个正确的认识和评价,扬长避短,取长补短,不断完善自己,才能有所作为。

二、理想的我与现实的我

李开复有一句名言:做最好的自己。但很多人误解了他这句话,认为做最好的自己,就是把自己做到最好,超过别人。其实,他认为做最好的自己就是做你自己,不要去模仿别人。李开复认为,每一个人的成功应该是多元化的,不要用金钱、名声来衡量,每一个人对成功有不同的理解,不要被一元化的成功论所误导。他在书中讲道:"每一个人都有自己的特长和潜质,在多元化成功的模型中,只要主动选择,每一个人都有成功的机会。"

弗洛伊德在1923年《自我与本我》一书中提出了本我(id)、自我(ego)和超我(superego)三部分人格结构。本我即原始的自己,包含着生存的基本欲望、冲动和生命力。"本我"按快乐原则行事,它不理会社会道德、外在的行为规范，它唯一的要求是获得快乐、避免痛苦，它是无意识的，不被个体所觉察。“自我”是意识层面的判断和思考，它寻求现实中本我的满足，遵循的是现实原则。“超我”是人格中代表理想的部分，它的特点是追求完美，所遵循的是道德原则。

这一人格分化理论可以用来解释自我意识中“理想我”与“现实我”的矛盾。“理想我”指个体期望自己达到的完美形象，而“现实我”是对自己在实际生活中各种特征的认识。大学生随着心理的发展，其自我意识呈现出“理想我”和“现实我”分化并存的现象。二者间存在一定的差距能让人不断进步，奋发向上，但差距过大则有可能引起自我意识的分裂，导致个体不能积极悦纳现实我，并引发消极的自我意识。如“理想我”希望自己是多么的理智，遇到什么事情都能冷静地处理，总能把每一件事处理得非常完美；而“现实我”做事总是不经过大脑，处理事情总是很冲动，有些事情不明就里就往自己身上揽，到最后又感到后悔。当这两个“自我”分化严重的时候，大学生们就难以认清自我，形成自我概念，会出现自卑、自怜或者虚荣、自我陶醉等不良心理状态，或者出现各种各样的心理不适，失去了前进的动力。

理想的自我是我们渴望拥有的特点和状态，现实的自我是我们真实的特点和状态。在我们每个人的心中，都会有一幅关于自身状态的理想图景，朝着这个图景，我们将更加有动力前进，理想生活图景就像我们前行的明灯，指引着我们朝着目标努力前行。然而，有时候现实的自己达不到理想中的这种要求，此时由于现实和理想的差距，我们会自责，会感到焦虑，此时理想生活图景又像一个恶魔，束缚着我们，让我们为情绪左右而无法前行。

心理视点

你知道自己喜欢什么吗？知道自己需要什么吗？知道自己能做什么、擅长做什么吗？知道自己的人生目标吗？知道自己最看重的是什么吗？《马克思恩格斯全集》中认为，“自由的首要条件是自我认识”。苏霍姆林斯基说：“自我教育从自我认识开始。”“人，只有当他了解自己时，才能教育自己。”正确认识自我和积极悦纳自我是大学生心理健康的重要标志，也直接影响其发展成才。

一、自我意识：我是谁

个体心理健康的重要标志之一是对自我的接受和认可，即有良好的自我形象和健全的自我意识。甚至可以说，人的一生就是围绕自我意识、自我实现这个问题展开的。常言道“人贵有自知之明”，通过自我认识更加全面地了解自己，才能扬长避短，做最好的自己。

美国心理学家罗杰斯认为，自我意识是个人对自己多方面的综合看法，以及对自己所作的肯定或否定的评价。自我意识是人类所特有的高级心理活动，是个体出生后在社会化的过程中逐渐形成的。

个体对自己生理、心理及所处社会环境的认识都属于自我意识的内容，自我意识包括生理自我、心理自我和社会自我三部分。生理自我是个体对自己的身高、体重、体形、性别、容貌、年龄、健康等生理状态的认识和体验。生理自我是与生俱来的体貌特征。心理自我是个体对自己的心理活动、性格特征、兴趣、能力、气质、价值观等的认识和体验。社会自我是个体对自身与周围事物及环境关系的认识、体验和愿望，包括个体对自己不同角色、不同权利、不同义务等的认识和体验；个体对自己在群体中的地位、名望、价值、受人尊敬和接纳程度的认识和体验；个体对自己的家庭、亲友及其经济、政治地位、民族状况等的认识和体验。

从心理学的知、情、意三个层次上划分，自我意识又可以分为自我认知、自我体验和自我控制三个层次。

自我认知主要涉及回答“我是谁”“我是一个什么样的人”等问题。它包括自我观察、分析和评价，是尽量客观地认识自我并恰如其分地评价自我。

自我体验主要涉及“我能否悦纳自己”“对自我是否满意”等问题。它是指个体伴随自我认识而产生的一种内在的情绪体验。自我体验的内容十分丰富，大学阶段最为突出的自我体验主要集中在自尊、自信和自卑等方面。

自我控制主要涉及“我怎样能成为那样的人”等问题。自我控制是个体通过控制自己的思想、语言和行为以实现预期目标，主要包括自我激励、自我暗示等，是自我意识结构中发挥个体主观能动性的外在表现。

自我意识的分化所带来的苦恼不断促使大学生寻求方法以求得自我的统一，即自我同一性。自我同一性是指“理想我”与“现实我”的统一，也表现为自我认识、自我肯定和自我调控等方面的和谐统一。换言之，个体既要客观正确地认识自我，并积极地接纳自我，也要勇于改变自我。

二、自我认知：永远的不完美

自我认识是个人接受自己的前提。如果一个人不能全面了解自己，容易导致自我接受的盲目性和片面性。大学阶段正是逐步建立与完善自我评价的关键时期。随着个体的逐渐成熟，自我评价会占据越来越重要的地位，而他人评价可以作为参考。在一个人的童年和青少年时期，由于受到成长经历的局限，个体必须依赖于外界的评价，并逐渐将这些评价内化，从而慢慢地认识自己。因此，我们小时候会特别在意家长、老师或周围同学的评价。当我们对自己的认识达到一定水平后，对于自己各方面的水平都会有一个基本的了解，而且此时自己各方面的能力也相对稳定，能够对一件事情建立自己的判断，别人的意见就会仅仅作为参考。这样，我们就不会因为他人的赞扬而过于洋洋得意，也不会因为他人的否认而过于耿耿于怀，因为我们心里有一杆秤，我们很清楚自己做得如何。

我们建议大学生从学习、生活、人际交往、活动能力等方面来总结自己，要看到自己多方面的现实表现。具体可参考以下操作：

第一，认识自我社会特征。马克思认为人是社会关系的总和，在社会上承担着多种社会角色，不同角色有不同的要求，要正确认识自己的地位、作用、能力和使命，要准确定位自己的社会角色。

第二，通过现实行为进行自我分析。每个人时时刻刻都在做着一些事情，在现实中表现着自己，大学生可以通过自己的表现来进行自我反省，分析自己的长处与不足，分析取得了哪些进步。

第三，通过他人的反馈认识自我。对于大学生来说，和同学、老师等相处的时间和机会很多，他们可以通过周围人的反馈来认识自我，也可以避免"当局者迷"。但是，需要提醒的是，对于别人的反馈与建议要辩证地看待，适当吸取，因为每个人的立场和思维方式不同，可能会导致比较大的反差。

第四，参考心理测量结果。选择较正规的心理量表进行测量，对自己的心理特征有个大体把握，分析自我心理特征上的优势与不足，结合自己所承担的角色，进行不断协调。

第五，与社会公认的正面角色进行比较。要注意以下几个问题：找准参照，要做有意义的比较，切忌盲目不着边际的比较；善于与自己的过去比较，这样能够为自己的进步提供鲜明的对照，正像平常所说的一样，每天进步一点点；正确区分、看待差异与差距，认识到自己的优势所在和不足；要辩证发展地认识自我，对自己的未来充满希望。

（一）接受自己的"不完美"

当认清自我之后，要树立健康的自我意识就需要接受自我。人只有接受自己的一切，并喜欢自己，才会有价值感、幸福感、满足感等。接受自我既不虚幻，也不消极回避自己的现实，更不会怨恨否定自己。它是发展健康的自我体验的关键和核心。

现代社会经常会给人一种假象，似乎只有“完美”的人才能得到幸福。人们喜欢将自己的形象美化，尽量做到尽善尽美，尽量给人以美好的印象，这样的想法无可厚非，谁都希望获得人们的认可和欣赏，从而提升自己在他人心目中的威信和地位。我们把缺点苦苦掩饰，但是那些被我们刻意压抑的部分，总能找到机会显露出来，让周围的人看见。不妨问问你的家人、朋友和熟人，让他们把你的缺点指给你看。

什么才是完美主义的表现呢？大致来看，完美主义从低到高排列可分为以下几个层次：

第一层次的完美主义追求视觉感官的完美，比如关注自己的声音、身上的气味、脸上是否有青春痘等。

第二层次的完美主义表现为对秩序、计划、目标和图景的完美追求。他们关注学业上的成就，对自己的学习设有严格的目标和计划，目标通常定得比较高，且经常往上调整目标。同时严格遵守计划，有的计划甚至在时间上精确到分钟，如果无法实现，就会感到沮丧和挫败。

第三层次的完美主义希望自己拥有完美的人际关系，获得卓越的成就。比如，他会特别关注自己与同学、老师的关系，特别在意老师、同学和朋友对自己的评价等。

第四层次的完美主义不再把自己和他人作为评价对象，而是把完美需求指向团体、社会、人类、自然等超越个人的对象。比如，他们常常为班级是否在各个比赛中得第一，或班级是否团结一心而非常操心。

完美层次的高低并不意味着完美主义合理性的多少。追求完美，并非层次越高，就越健康。当高层次的完美需求受到阻碍时，个体会寻求低层次的完美来缓解挫败感。比如，一个学生在人际关系上追求完美而遭遇挫折后，就可能埋头于关注琐碎的小事，在细节上追求完美，比如关注自己每天的发型，关注自己每天的穿着，关注自己说的每一句话……如果能得到别人的关注，就能得到心理上的安慰。

可以说，一方面完美主义让我们不断追求进步，追求卓越，推动个人不断向前发展，同时也推动整个社会向前发展；可是，过分追求完美就会给我们内心增加很多的负担和压力，让我们变得敏感、易激怒、容易沮丧、失落，产生失败感。AlfredAdler 则认为，人的完美必须以社会兴趣为目的，否则将导致诸多心理问题和心理障碍；西方许多研究也证实完美主义与进食障碍、自杀倾向、社交焦虑、强迫症、人格障碍等都有相关。因此，我们应该认识到完美主义对我们产生的影响，不断地自省，并及时作出调整。

不完美，也是一种美，而且是一种更深层次、更有内涵的美！也许我们长得不够俊朗，身材不够匀称纤细，肌肤也不够白皙光滑……总有许多让人不如意的地方。但是，我们应少一份刻意，多一份随意，懂得欣赏自己。我们可以用闻到香水百合般的好心情对面对这一切，自信的笑容、愉悦的心情，都可以让自己更容易接受自己。因为即使是有瑕疵的花朵，也会灿烂地绽放美丽。

有一则寓言：有一天，一群动物聚在一起，彼此羡慕对方的优点，希望自己成为一个通才。它们设计了一套课程，包括奔跑、游泳、飞翔和攀登。所有动物都报了名，选修了所有的科目。最后的结果是：小白兔在奔跑方面名列前茅，但是一到上游泳课的时候就浑身发抖；小鸭子在游泳方面成绩优异，飞翔也还算差强人意，但是奔跑与攀登的成绩却糟糕透顶；小麻雀在飞翔方面轻松愉快，但就是不能正确地奔跑，尤其碰到水就几乎精神崩溃；至于小松鼠，固然爬树的本领高人一筹，奔跑的成绩也还不错，却在飞翔课中，学会了逃课。这正印证了中国的那句古话：骏马能历险，耕田不如牛，天生万物，各有所长，各有所短，不能强求。

自我接纳是人天生就拥有的权利，哪怕有很多缺点和不足。接纳自我是一种积极的生活态度，无论我们境况如何，我们都欣然接受，没有抱怨；接纳自我需要勇气，我们需要勇敢地去面对自己的成败得失；接纳自我更是成熟的一种体现，当我们能够接纳自我时，我们的生活会更加幸福。我们应该追求自我完善，但不能过分追求完美。我们需要学会原谅自己，允许自己在适当的时候表现出私心和欲望，因为只有这样，才能建立起真正的自尊和自爱。真正接纳自己的人，也会接纳别人。真正的勇敢，不是总意味着各方面都好，而是勇敢地承认："其实，我也有不好的地方。"

（二）如何做到接纳自我

接纳自我，可以尝试从以下方面做起：

第一，要停止和自己对立。停止对自己的不满和指责，不论自认为做了多少不合适的事，有多少不足，从现在起，停止对自己的挑剔和责备，要学习站在自己这一边，维护自己生命的尊严和价值。

第二，要停止苛求自己。具体来说，要允许自己犯错，但在犯错后要作出补偿，以弥补自己的错误，并不再犯同样的错误。

第三，要停止否认或逃避自己的负性情绪。情绪就像一个雪球，会越滚越大。如果产生了负性情绪，不要去抑制、否认或掩饰它，更不要责备自己，对自己生气。要坦然地承认并接纳自己的负性情绪,不论它是沮丧、愤怒、焦虑还是敌意,因为它们也是我们本身的重要特征。

第四,无条件地接纳自我。我们要学会做自己的朋友,接受并关心自己的身体和心理状况,不带任何附加条件地接纳自己的一切。要在接纳自我的基础上,勇于行动,做一些自己能够做的事情,让自我逐步得到改善。

一个人只有首先悦纳自己,才能受到别人的喜欢。因为,只有悦纳自我,才能感到生活的温暖和乐趣,对未来充满憧憬;只有悦纳自我,才能产生一种愉悦感、价值感、成功感和自豪感;只有悦纳自我,才能冷静而理智地看待成与败、得与失,才不会用虚幻来自欺欺人,也不会逃避现实。

心灵鸡汤

欣赏自己

也许你想成为太阳,可你却只是一颗星辰;

也许你想成为大树,可你却只是一株小草;

也许你想成为大河,可你却只是一泓山溪;

……

做不了太阳,就做星辰,在自己的星座发热发光;

做不了大树,就做小草,以自己的绿色装点希望;

做不了伟大,就做实在的自我,平凡而不自卑,关键是必须做最好的自己。

不必总是欣赏别人,也欣赏一下自己吧!

三、自我肯定:我自尊、自信

(一)自尊与虚荣

从心理学上讲,自尊是个体在社会化过程中获得的有关自我价值的积极评价与体验,它首先表现为自我尊重和爱护。自尊还包含要求他人、集体和社会对自己尊重的期望。

20 世纪 90 年代心理学界提出的不一致模型指出,一个自尊不足的人常常会感到一方面维护良好自我形象的需要非常迫切,另一方面表现出的自我形象又不能令人满意(确切地说,是不能令自己满意),二者之间的差距和冲突促使个体主观上愈加追求自我尊重的情感体验。遗憾的是,在这种追求的过程中,自尊不足的个体由于"先天不足"而常常走向两个极端:一个是由于二者之间的差距过大,个体无力弥合而产生无力感,从而自暴自弃;另一个极端是走向自恋或自我中心。这是由于个体不是通过正常的途径去获取自尊需要的满足,而是退居于目前的自尊状态并夸大、固守这种自尊状态,从而对外界环境的要求表现得不屑一顾甚至故意对抗。这种自恋式的貌似高自尊的自尊状况本质上是一虚弱的或虚假的自尊现象,个体内心深处其实极度渴望他人的尊重和关怀。许多心理学家都曾发现过这种现象,称之为"偏差自尊""假自尊"或"防御性自尊"。

因而个体自尊不足(即低自尊)甚至缺乏,呈现给社会的通常是不好的自我形象,具体表现出两类行为或态度:一类是自伤性行为或态度,主要指向自我,其表现有自怨自艾、自哀自怜、自轻自贱等,甚至可能放弃生命;另一类是自恋式或自我中心的行为与态度,主要指向他人与环境,可能出现不负责任、冷漠、自我中心、敌视、攻击他人、报复社会等偏激行为和罪错行为。

真正的高自尊是一种动态平衡的自尊。也就是说,自尊需要(或维护良好自我形象的需要)与自我现状(或当前的自我形象)之间呈现出一种动态的平衡。一方面,高自尊的人对自我现状常常是满意的,他们对自己的存在能力和存在价值充满自信,即使这种能力和价值并不比别人高;另一方面,高自尊的人虽然对自我现状很满意,但并非停滞不前。相反,正是由于他们对自己很满意、很自信,所以无论在生活中还是在工作中他们都恰恰表现出了社会所期待的良好形象,社会环境自然也就作出了良好的反馈,从而与社会环境形成了良性互动,进而不断改善和提高其自尊状况。如 Rosenberg 所指出的,高自尊感不是指优越感,高自尊的人不一定把自己看得比别人好,他们只是能够怡然自得而已,高自尊感并不包括完美感。高自尊的人也会有失败和落魄的时候,他们的自我意象与自尊需要之间也会产生不和谐的冲突,但是他们在与社会环境的良性互动中可以较容易地化解掉这种冲突,并很快恢复心理平衡,从而保持心理的和谐与健康。

在价值观日益多元化的当下,自尊、自强更是当代大学生必须面对的课题。在大学生中,贪图享乐,不思进取,妄图一劳永逸,把自己的前途、人生寄托在"放弃"自尊的基础上的事件屡屡发生。如有的学生是迫于生计,但也有的是享乐观念作祟,在金钱和时尚的诱惑面前,哪怕放弃尊严也在所不惜。他们的内心也充满了痛苦与彷徨,久而久之,无法自拔,甚至由此产生心理问题。因而，一个人要做到自尊，必须先知道羞耻，因为有了羞耻心，人才会节制自己的行为，不做庸俗卑贱的事情，有尊严地生活。懂得识别高尚与卑下，有所为有所不为。比如在身体和仪表方面，不在公共场合赤身露体，保持衣冠整洁等。在心灵方面，不去做阿谀奉承、卑躬屈膝的事情。有了羞耻心，不做耻辱的事、庸俗卑贱的事，才能有尊严。自尊的人必定有所不为，必定不以庸俗卑贱的方式做事，这说明自尊的心理品质与道德品质是紧密联系的。

自尊太强会产生虚荣。虚荣心是一个人过于追求虚假荣耀、表面光彩，以赢得他人尊重的心理。如下面一位同学的做法：吴明看到好友王刚穿了一双名牌鞋，非常羡慕。但是自己的爸爸妈妈工资都不高，肯定不同意买这么贵的鞋，他就撒谎向父母要钱也买了一双。穿着名牌鞋来到学校，许多同学投来了羡慕的目光，还有一些同学围过来欣赏。吴明感到很满足。吴明骗来钱买名牌鞋，就反映了他的虚荣心理。人们常常为了掩饰内心的自卑，用不符合实际的方式去满足自己的虚荣心，甚至用撒谎、作假、投机等非正常手段去沽名钓誉。“空袋不能直立”，追求虚假的荣誉，只是自欺欺人，不仅会使个体失去他人的尊重和友谊，失去诚实，而且会失去真正值得追求的东西，从而带来无尽的面对现实的痛苦与烦恼。

也许你读完吴明的故事会哑然失笑，并且自信这类事情绝对不会在自己身上发生。其实，或许你身上或多或少也会不同程度地发生着和吴明同类性质的事情。如买了一件便宜的衣服，会有意把价格说高一点；自己明明喜欢某男生，偏要说自己一点都不喜欢他，是他死活纠缠，不得已才搭理他的，以此显示自己的魅力；家里本来不富裕，却要装出很大方的样子，硬撑面子；自己的成绩分明是刻苦学习换来的，却要说自己根本没怎么复习等。也许，你会认为这样的虚荣不伤害他人，又有什么错呢，谁又能完全摆脱这样的虚荣呢？毋庸置疑，没有人能说自己从来没有过虚荣心，偶尔在一些小事情上产生不太离谱的虚荣心，对人的成长发展不会带来太大的伤害。但虚荣心强的人，往往是那些缺乏自信的人，总是以他人对自己是否看重作为天平，一旦他人有一点否定自己的言论和表情，便认为损害了自己的自尊，就受不了，这种心理是不健康的。可见，虚荣心强的人对自己的认识与了解，并不是建立在科学的自我分析的基础上的，而是取决于他人对自己的看法。一旦他人对自己给予肯定、积极的评价，便精神振奋，劲头十足；一旦他人对自己给予否定、消极的评价，便垂头丧气，不是觉得自己一无是处，便是认为别人有意跟自己过不去。所以，虚荣心强的人往往容易产生不良的心态。

虚荣给人一种不诚实的感觉，难以获得他人的尊重与信任，甚至遭到鄙视；虚荣心强的人，过于自尊却缺乏自信，还往往容易产生一种忌妒心理，即不能容忍别人超越自己；为满足虚荣心而不择手段，自然会伤及他人，良心会不断受到谴责；为掩饰虚荣而导致的心理冲突与挣扎等，加之虚荣者本身的心理素质，这些都会给虚荣者带来极大的心理困扰。这种不良情绪，危害人的身心健康，破坏和同学之间的关系，不利于个人的成长，甚至会造成非常严重的后果。

（二）自信与自我效能

心理学家布兰登曾指出，自信和自我肯定是自尊的内核，它们反映了自尊的最基本要素。这种自信和自我肯定使人看待自我和周围一切的目光明显地带有乐观、信赖和珍视的色彩，从而使其具备良好的心理素质和心理状态。

自我效能感通俗地讲就是自我能力感，也就是做事时的自信。著名心理学家班杜拉指出，人的行为受到行为的结果期望与效能期望的影响。结果期望指的是人对自己某种行为会导致某一结果的推测。如果人预测到某一特定行为将会导致特定的结果，那么这一行为就可能被激活和被选择。例如，儿童感到上课注意听讲就会获得他所希望取得的好成绩，他就有可能认真听课。效能期望指的则是人对自己能否进行某种行为的实施能力的推测或判断，即人对自己行为能力的推测。它意味着人是否确信自己能够成功地进行带来某一结果的行为。当人确信自己有能力进行某一活动，他就会产生高度的自我效能感，并会去进行那一活动。例如，学生不仅知道注意听课可以带来理想的成绩，而且还感到自己有能力听懂教师所讲的内容时，才会认真听课。人们在获得了相应的知识、技能后，自我效能感就成为了行为的决定因素。

通俗地讲，一个人能否成功地做成一件事除了取决于自身的能力外，还要看这个人对这件事的成功是否有信心。如果没有信心，即使再有能力也不可能会成功，因为没有信心就没有希望，没有希望就没有动力；相反，如果对这件事充满信心，那结果肯定是可喜的。所以说能力加信心将使不可能成为可能。

美国有一位心理学家曾经做了这样一项实验研究。某中学新生开学的第一天，他在其中一个班宣布：你们是经过精选出来的最有发展前途的学生。之后他再也没有露过面，但他并没有忘记自己说过的话，而是密切关注着这些学生。十几年追踪研究得出惊人的结果，这个班的人确实如他所说的那样，个个出类拔萃。

这个事例说明了什么问题？由于学生相信了“权威性的谎言”，所以他们更加自尊和自信。他们走上了成功之路的事实说明，自信和自我效能感是成才和成功者必备的心理品质。

班杜拉指出，影响自我效能感形成的因素主要有：

第一，成败经验。成败经验是自我评价最常使用的信息来源。自信不是空洞的口号，而是成就浇灌的硕果。一个人大声说“我感到自信啦！我真的感到自信啦！我是世界上最自信的人啦!”并不能带来自信。一般说来，多次的成功可以促使自己的效能感不断提高。每一次成功的经验都会增强自信心，使自己越战越勇，成为下次努力的动力。反之，多次的失败会使一个人丧失斗志丧失信心，自我效能感会在这种心态下自然而然地下降，每次接任务前都表现出对自己能力的怀疑。当然，对于一个具备了很强自我效能感的人来说，偶然的失败不但不会影响其对自己能力的判断，而且会促使他去分析失败的原因。一旦改进策略后，这种自我效能感会得到充分的发挥。不过，成功经验对效能期望的影响还要受个体归因方式的左右，如果归因于外部的不可控的因素就不会增强效能感。

第二，替代经验。人们通过观察他人的行为而获得的间接经验会对自我效能感产生重要影响。在生活中，看到与自己相近的人不停地成功能促进自我效能感的提高，增加了实现同样任务的信心，但看到与自己相近的人总是失败，尤其是付出很大努力后失败，则会降低自我效能感，使自己在接受或是面对这样的任务的时候根本没有信心，可能会不战而退。

第三，言语劝说。言语劝说的价值取决于它是否切合实际。缺乏事实基础的言语劝说对自我效能感的影响不大，在直接经验或替代性经验基础上进行劝说的效果会更好。

第四，情绪状态。个体在面临某项活动任务时的身心反应、强烈的激动情绪通常会妨碍行为的表现而降低自我效能感。

第五，情境条件。不同的环境提供给人们的信息是大不一样的。当一个人进入陌生而又易引起焦虑的情境中时，会觉得难以适应和控制，其自我效能感水平与强度就会降低。

总之，自信是先天条件及后天生活经验积聚的结果。个人先天的条件，如美丽的外表、流利的语言能力等都有利于自信心的发展；而成功的工作学习经验、特殊的技能、优良的自我教育等对于提升个人的自信更是不可或缺的。增强大学生自信和自我效能感，可以通过下面几个措施。

1. 增加成功体验

每个人都想拥有成功，因为每一次的成功都会令自己欣喜万分，都会使自己提升一个境界。所以说成功的体验是提升大学生自我效能感很有效的一种方法。大学生在生活中要建立适当的目标，不要给自己定下盲目的毫无根据的目标，要结合自己的实际能力定下近期目标，在短时间内努力攻破它。这样可以快速提升自己的信心，增强自我效能感。自己对自己要求过高，以至于自己不能完成自己的目标，这时就会产生很大的失败感。而当我们分析这种失败感时，只是一味把原因归于自己，而不去考虑是不是这些目标计划超出了自己的能力范围，所谓跳一跳能摘到的苹果才是最好的苹果就是这个道理。

还有一种正确的做法是把个人的期望值降低一点，从小从低开始，一步步向上攀登，积小胜为大胜，有了成功的体验，自信心就会越来越强。自信心提高了，就更容易取得成功。这样就形成了自信心与成功的良性循环。

如有一个中学生，曾经因为外语学得不好，对学习外语逐渐失去了自信。老师对他说："你的基础差一点，先不和其他同学比，自己和自己比，有进步就是成功。"第一次他定的目标是得 50 分，经过努力得了 51 分。老师鼓励说："有进步，下次争取 55 分。"就这样，随着成绩的逐步提高，这个同学的自信心也增强了，终于跨进了中上等成绩学生的行列。

另外，还要善于扬长避短。人的自尊心、自信心是在个人的生活经历中逐步形成、发展起来的。善于发现自己的长处，总结成功的经验，做到扬长避短，对树立正确的自尊心和充分的自信心就显得很重要了。我们可以经常抽出点时间问问自己"我能做什么"，再根据自己的实际情况，确定要达到什么样的目标。比如，口吃的人，就不一定非要自己成为电台播音员才心满意足；身材矮小的人，不一定非要自己成为一名篮球运动员不可。其实生活的园地里，每个人都有适合自己耕耘的土壤。扬己之长，发挥自己的优势；避己之短，正视自己的弱点。每个人都有成功的机会，都有自尊自信的理由。

有个 10 岁的小男孩，在车祸中失去了左臂，后来他去学柔道，还学得不错，可是练了三个月，师傅只教了他一招，当他提出想学习其他招数时，师傅却说他只要这一招就够了。在后来的比赛中，他竟真的凭着这招夺得了冠军，但他实在搞不懂这是为什么，就去请教师傅。师傅说："你几乎完全掌握了柔道中最难的一招，并且据我所知，破解这招的唯一方法就是抓住你的左臂。"

最后，创造成功，最需要的是勇敢的行动。这是取得自信的基本途径。光说不干，不会有成功，自信心当然难以提高。有了目标而没有实际行动，不过是空话一句。在人的一生中，很多事情都是由不会到会，由不熟练到熟练，能力是逐步提高的。随着知识的增多，能力的提高，克服困难的办法也会多起来，于是就会从失败走向胜利，并且在成功的行动中，体验到胜利的喜悦，从而不断增强自信心。

2. 找好正确的参照标准

一个人对自己的认识和评价常常是通过与别人的比较而形成的。要正确地认识和评价自己，就必须掌握科学的比较方法，使用正确的参照标准。在比较中，有的人只用自己的长处跟别人的短处比，其结果是过于自信，滋长骄傲心理；有的人总是用自己的短处跟别人的长处比，其结果是动摇自信。这就有必要调整自己的参照标准，要比努力的方向，比信心和勇气，比实际的进步。有一个《新小马过河》故事，这个故事虽然简单，但寓意深刻。小马妈妈让小马去磨房搬粮食。它走啊走啊，被一条小河挡住了去路。看着奔流的河水，小马不知自己是否该趟过去。小松鼠告诉它说，河水很深，昨天才淹死了一个伙伴。老牛却说，河水很浅，水面才到它的膝关节。小马看看小松鼠，又看看老牛，然后走到老牛跟前，将自己的身高与老牛比了比。它笑着勇敢地趟过了河。

这个故事说明了正确认识自己，要找好正确的参照标准。

3. 正确地归因

通常，人们总是为自己行为的结果寻求解释，心理学上称之为归因。大学生在形形色色的生活中或多或少会遇到一些坎坷，如果在经历这些坎坷中大学生没能很好地把握自己、发挥自己，就可能会失败，失败了谁对谁错就是个问题，如果归因正确了对以后的发展是有极大的好处的。如果归因错误了，可能就会影响以后的学习和发展。这样的归因会使学生产生阴影，以后碰到类似的坎坷还是会失败的。所以我们在遇到挫折和困难的时候要正确地归因。

4. 克服自卑心理

自我效能感高的人的一个很重要的特点就是自信，他们充满了对自己的认可和肯定，相信自己的能力，相信自己的价值，相信任何事情都难不倒自己。而自我效能感低的人表现得更多的是自卑，他们自我贬低，始终怀疑自己，凡事都不能尽力争取，遇事就躲。自卑的学生对自身的能力和品质评价过低。最常见的现象是害怕在别人面前说话和做事；上课、开会或参加聚会时，往往坐在后排不太显眼的位置；在课堂上做作业时，一定要遮遮掩掩，生怕他人看见会耻笑；考试答题时犹豫不决，容易产生考试怯场；参加完考试后，一定要与同学反复核对答案才放心。过于自卑，往往还会产生一些自暴自弃、孤僻、悲观的不良心理，不利于青少年的成长。所以要提高自我效能感，就必须克服自卑心理，树立自信心。

珍妮是个总爱低着头的小女孩，她一直觉得自己长得不够漂亮。有一天，她到饰物店去买了只红色的蝴蝶结，店主不断赞美她戴上蝴蝶结挺漂亮。珍妮虽不信，但是挺高兴，不由昂起了头，急于让大家看看，出门与人撞了一下都没在意。珍妮走进教室，迎面碰上了她的老师。“珍妮，你昂起头来真美!”老师爱抚地拍拍她的肩说。那一天，她得到了许多人的赞美。她想一定是蝴蝶结的功劳，可往镜前一照，头上根本就没有蝴蝶结，一定是出饰物店时与人一碰弄丢了。

这个故事告诉我们，自信原本就是一种美丽，而很多人却因为太在意外表而失去很多快乐。无论贫穷还是富有，无论貌若天仙还是相貌平平，只要你昂起头来，快乐会使你变得可爱——人人都喜欢的那种可爱。

从实际操作层面看，我们可以从以下几方面做到超越自卑：

(1)相信自己，经常使用自我鼓励与自我暗示。如“我能行，我一定能行”“我很放松，我能做好”“我感觉不错”等，每天默念数遍。

(2)找出自卑源，理性分析其合理性。分析自卑的深层次原因，对每个原因进行合理性分析，去除不合理信念。

(3)欣赏自我。学会肯定自我，寻找自己的优点，写下来，逐条分析，欣赏自己的每一个优点，对自己产生满意感。

(4)调整理想自我。如果理想自我目标定得太高，或根本不适合自己，就会在实践中不可避免地一次又一次失败，自然就难以建立自信。如果理想的自我定得过低，就会失去前进的动力，安于现状，不求进取，也建立不了自信。所以，订立适合自己的理想目标，然后全力以赴地追求，同时在实践中适时进行调整，这样才能成功。

只要我们超越了自卑，对自己的优点和能力有信心，许多事情别人能做到，我们自己经过努力也能做到。

我们来做一个实验：首先想一想自己的缺点，然后在心中默念三遍，这时伸出双手，请朋友用手往下压，双手很容易就被朋友压下去了。然后再想一想自己的优点，并在心中默念三遍，这时伸出双手，再请朋友用手往下压，这时你会发现，相比上次而言，双手就不再那么容易被朋友的手压下去了。

这是一个很奇妙又很容易想通的实验，它表明，自卑和自信就在天平的两端摇晃，理想也就随之在成功与失败的天平两端摇晃。

心理小测试

你起了个大早，排了整整一天的队，终于买到了回家的火车票。从人山人海中挤出来，你长长吐了口气，说出的第一句话可能是：

A.（好像天上掉了馅饼）我的运气真好！

B.（暗自庆幸）幸亏我起了个大早！

C.（心安理得）天道酬勤，早起的鸟儿有虫吃！

结果解释：

A. 你对自己还没有充分地认识，你应该多寻找自己的优点，或许自己的成功并不完全是运气使然，就算有运气的成分，是否也是由于自身的努力才有抓住这个运气的能力呢？多肯定自己，多看到自己的长处并善用之，你会经常“走运”的！

B. 你的自信心稍显不足，虽然隐隐约约相信自己的努力会有回报，但当面临挫折时，很容易轻易相信“自己是无能的”，而不是客观分析挫折发生的主客观因素。因此进一步认识自己，增强自信心，是你应该坚持不懈的事情，而正确看待挫折则是你增强自信心的关键。

C. 你对自己很有把握，对事件有充分的控制能力和自信心，所以，大胆地往前走吧，只是在把握时还是要充分考虑外界的可变因素，这样你的自信心才会有坚强的外壳和足够的韧性。

四、自我控制：提升自我

在认识自我的过程中，有的人会过低地估计自己，而有的人则会过高地估计自己，这种在知觉自我过程中过高估计自我，产生积极的自我偏见就是自我提升，所以自我提升（self-enhancement）也译作自我增强、自我提高等。自我提升是普遍存在的一种现象。它的核心在于人们有一种增强自尊、提高个人价值感、寻求积极自我认识、避免消极反馈评价的需要。

（一）自我提升的表现

第一，优于平均效应、控制错觉与不切实际的乐观。一般来说，人们常常持有夸大自己品质的观点，即认为自己比一般人拥有更多的积极品质和更少的消极品质，这就是优于平均效应。人们有时还会过高地估计自己对偶发事件结果的控制程度，即相信自己能够影响那些本质上由随机规律所决定的结果而产生控制错觉（如相信自己彩票中奖）。此外，不切实际的乐观使人们毫无理由地深信自己会比其他与自己类似的人经历更多的积极生活事件（如相信自己能长命百岁）并遭遇更少的消极生活事件（如相信自己不会患绝症）。

第二，选择性地注意、加工、保持与提取信息。注意、加工和记忆对自己有利的信息是人们形成和保留积极自我观念的一种方式。人们会选择性地遗忘与自我核心特质有关的消极信息，表现出记忆忽略现象；会高估自己的缺点在人群中的普遍性，表现出虚假一致性效应；或者会低估自己的优点在人群中的普遍性，表现出虚假独特性效应。

第三，策略性地选择社会比较和交往的对象。通常，人们会策略性地选择下行比较来实现自我提升的目的，有时候，人们通过平行比较和上行比较从别人的优秀品质和成就中受到鼓舞、获取力量，因而也有自我提升的功效。人们喜欢与自己关系亲密的人进行社会比较，而且愿意去选择那些在自己擅长的领域表现不如自己，但在其他领域表现较为优秀的人作为伙伴。此外，由于喜欢自己的人多半会给自己提供积极的人际反馈，所以多数人会选择与喜欢自己的人交朋友。

第四，归因的自我服务偏向。归因的自我服务偏向是针对积极和消极结果人们作出的不平衡性归因，表现为人们倾向于对积极结果作性格倾向性归因，将其归结为自我中稳定的、核心的方面，而对消极结果作外部因素性归因，或者将其归结为自我中价值较低的方面。

（二）自我提升的作用

从社会心理学的角度看，人们有一种对待自己比对待别人更积极的倾向，人们知觉自己在积极品质上好于同伴，在消极人格品质上不如同伴多。因此，他们认为这种自我提升的倾向与代表心理健康的那些标准是很相似的，具有自我提升的积极错觉能使个体有更好的社会适应。但是也有研究者认为，从长期来看，自我提升倾向会使个体付出代价。对大学生而言，短期的自我提升会对学业成绩有帮助，但是长期下去会使个体降低自尊，减少主观幸福感。

个体的自我服务偏向在成功时除了给予自己信心外，还潜伏着制造自满自负情绪的危险，对于从事学业或工作的人来说容易丧失分析客观的意向；在失败时给予个体逃避责任的借口，这也是我们常看到的，学生在学习考试失利而分析自身的原因时停留在“试题偏难或者自己复习的没有考，考试内容偏是自己没有复习的”表层分析之上，对于为何自己没有复习并不作深层分析。

维持自尊是自我提升动机产生的一个主要原因。因此，人们将自己和别人进行比较时，会提升自己的价值。有些情况下，人们出于对自身能力的积极肯定为自己的成功设置障碍，而使得失败原因外化，从而自己保持胜利的形象，使自我得以提高。自我提升有时甚至会表现为自恋这一较为极端的自我夸大形式。

记忆加工偏向使人们寻求、加工和记忆对自己有利的信息，而尽可能地缩短在批评性反馈上的加工时间。个体会在赞美和成功的反馈中寻找所有的细微差异和意义，但批评的反馈却得不到同样完整的接受和加工。

有研究者曾经指出："自我是个体无形的主人。"我们所拥有的"自我"，不仅仅是生物学上的有形的个体，更应该体现为对自身的调节和控制，成为这个有形个体的无形主人，这正是"自我"的本质所在。有的人之所以产生"迷失了自我"的状态，就是因为本该拥有掌控权的无形主人，此时显得不由自主或力不从心了，有形肉体失去了精神领袖，就难免会沦落为他物的傀儡。大学生比以前更能抽象地思考问题了，他们第一次强烈感觉到"我的青春我做主"，外部的任何因素都处于次要地位。他们已经理解，作为社会中的个体，每个人都应该有自己要做的事情，都有自己的追求和责任。除自己以外的他人只能影响自己，但不能主宰自己，只有自己才是自己的主人。因此，大学生要能以"第三者"的身份看待并调整自己，希望能够主宰自己，也能够在恰当的目标引导下进行主动的自我调整和培养。

首先，要能控制自己的情绪。自我控制，即自制力，它的强弱高低可以直接由情绪、行为表现出来。自制力强的人，常会克制自己的情绪，做事有计划性，自我发展方向明确。自制力弱的人，常会不顾场合宣泄一番，表情就是"晴雨表"，行为充满"情境性"。心理学家库利、戈夫曼等人提出了"印象管理"。他们认为个体总是希望获得别人或社会的赞同，并想控制社会交往的结果，所以，我们每个人都非常注意自己在他人面前和社交场合中的形象。这种形象包括语言、仪态、穿着、动作等。

其次，要培养坚强的性格和意志。因为任何目标的实现都不是一帆风顺的，必然会遇到各种挫折和困难，大学生应该学会容忍失败和挫折，能够及时调整自己的心态，排除消极情绪的影响。也就是说，大学生应在实践中充分锤炼自己的自制力和忍耐力，提高抗挫折能力，加强自我控制的主动性和自觉性，使自己能坚定不移地朝预定的目标奋勇前行。这样，他们才会产生积极的动力，才能对自我进行有效的控制。迈克尔·乔丹曾说："我可以接受失败,但我无法接受放弃。”

有一女生小玉,作为边远地区的优等生考入了一所重点大学。进校后,她发现自己的成绩在全班排在倒数几名,一下子灰心丧气,好一段时间都很不开心。后来冷静下来,她留心观察了同学们的学习方法、态度,并时常将自己的学习情况与同学作客观的比较。不久,小玉发现了自己认真、记忆力好、肯吃苦、爱钻研等特点,同时,学习到了同学的抓重点、讲方法、高效率等长处,取长补短。第一学年,小玉的学习成绩便进入了全班前20名。此后,她继续保持良好的学习状态,通过了英语四级考试,并获得了奖学金。她心里明白,这份成绩对她来说来之不易,是自己不断努力的结果。

小玉依靠自己的自我认识、自我分析和自我控制能力,取他人之长补自身之短,发挥优势,使自己的大学学习能力获得了提高,也取得了可喜的成绩。

最后,要学会用发展的眼光看待自己,就要了解昨天的“我”,认识今天的“我”,追求明天的“我”;看到自己的成长,看到自己的进步,看到自己的不足,知道应做的努力。适时自我调控、自我反思、整理个体的成长轨迹,能使人们更加深刻地了解与把握自己。

实验实训

自我意识团体训练

(一)自我认识团体训练

1. 我的自画像

目的:探索自我。

步骤1:现在拿起你的笔,轻轻闭上你的眼睛,先想一想自己是怎样一个人,然后画出可以代表自己的图像。

可用任何形式来画,形象的、抽象的,动物的、植物的,总之,要把自己心目中最能代表自己的东西画出来。

步骤2:小组分享:自己为什么要这样画?为什么这个东西可以代表自己?

2. 20个我是谁

目的:让每个同学深入了解自己的独特性。

步骤1:首先,在下面写出20句“我是怎样的人”。请尽量选择一些能反映你的个人风格的语句，如，我是个开朗/忧郁……的人，避免籍贯、性别等描述。这可能要花些时间和精力，但是认真填写之后，你会有更多的收获。

步骤2：将你填写的20项作下列归类：

(1)生理的我（包括：我的长相、身材、身体素质等）。

编号：______

(2)心理的我（包括：性格、能力、情绪状态等）。

编号：______

(3)社会的我（主要指我的道德品质、人际交往能力等）。

编号：______

步骤3：评估一下自己的描述是肯定的，还是否定的。肯定的描述记+1分，否定的描述记－1分，将所有的项目得分加起来，得到一个总分。如果总分大于零，则表示你对目前的自己还比较满意；如果总分小于零，则表示你对目前的自己还不满意。

小结

做了上面的测试之后，是否对自己有了更清晰的认识呢？那么，有哪些是你喜欢的，哪些是你不喜欢的？哪些是你接纳的，哪些是你不接纳的呢？

我想大家可能对自身的积极方面，都是乐于接受的；而对于自身的消极方面，则几乎没有人愿意接受。其实，所有的人都是不完美的。不接纳自己的人常常会有某种程度的自我否认和自我排斥。“我坚持我的不完美，它是我生命的本质。”

3. 寻找与发现

步骤1：分发每个同学一颗花生。请他们仔细观察手中的花生：长相、纹路、特征如何？你认识它了吗？你接纳它了吗？

步骤2：交回圈内混合，请大家找出自己的那颗花生，若发生争执，相争同一颗花生的人，要能正确描述出自己的花生。

步骤3：成员分享讨论：

你是如何找到自己的那颗花生的？

在寻找过程中你发现了什么问题？

这次活动你的体验是什么？

（二）自我肯定团体训练

1. 肯定的请求与拒绝

目的：培养自信心一定要建立良好的自尊。

步骤1：成员分成内圈与外圈，两两相对；双方握手，让对方感到你的力量。

步骤2:互相注视对方眼睛30秒,不可以躲闪,目光注视表示自信及诚恳。然后想方设法向对方借东西。

步骤3:另一方看着对方,首先要清楚地、明确地说“不”,然后再说拒绝的理由。

步骤4:2分钟后互换角色,一方想方设法向对方发出各种邀请。另一方看着对方,同样要清楚地、明确地说“不”,然后再说拒绝的理由。

步骤5:引导与分享:交流参与该练习的感受和体会。

自尊心不是由现在是什么样子决定的,而是由你内心的自身形象决定的,是由你用什么方式看待自己决定的,改变你内心的自身形象就可以改变你的自尊。

2.戴高帽

目的:学习观察和发现别人的优点,并且直接表达对他人的欣赏;同时,学习接纳他人的欣赏,体验被表扬的愉悦感,增强自信心。

步骤:5～10人一组围圈坐好。请一位成员坐在或站在圆圈中央,其他人轮流说出他的优点及值得欣赏之处(如性格、相貌、处事等),然后被称赞的成员说出哪些优点是自己以前觉察的,哪些是不知道的。每个成员到中央戴一次高帽。

规则:必须说优点,态度要真诚,努力去发现他人的长处,不能毫无根据地吹捧,这样反而会伤害别人。参加者要注意体验:被人称赞时的感受如何?怎样用心去发现他人的长处?怎样做一个乐于欣赏他人的人?

3. 去除消极标签

我们一旦给自己贴上某种“标签”,就会按照“标签”所标定的意象去塑造自己,使自己某方面的情绪和行为不断得到强化。

步骤1:我的自我标签

请大家想想,自己身上贴的消极自我标签是什么?

比如:我是一个自卑的人;我是一个多愁善感的人;我是一个爱发火的人;我胆子太小;我很容易紧张……

步骤2:标签与我的故事

这些自我否定的、贬义的描述性词语,就像“标签”一样贴在自己身上。那么,在现实生活中,这些消极自我标签会给我们带来什么阻碍呢?

小组分享自己与标签的故事。

步骤3:撕去消极自我标签

这些消极标签，使我们不能恰当评价自己，使我们失去自信，产生自卑感，使我们不敢尝试。我们要设法抛弃它、撕开它。

教师先示范举例：“我是个很一般的人——其实每个人都是平凡的，平凡的我可以有自己独特的生活，让自己做一个快乐的人！”同学们，你们会了吗？

我没有音乐、体育、艺术等细胞。（特长标签）——兴趣是可以培养的，通过勤奋练习和不断尝试，弱项很可能变成我的强项……

步骤4：大家把消极自我标签撕成碎片，然后把它们抛向在天空

原来我并没有那么差，我们不自信时，很可能是消极标签在作怪。撕掉消极标签是我们战胜自卑、增强自信的有效手段。以后要多给他人和自己贴积极标签。

体验感悟

1. 每一个人都有自己独特的一面。请思考下面的几个问题，将答案填在横线上。

我最欣赏自己的外表是______________________________。

我最欣赏对朋友的态度是______________________________。

我最欣赏自己对学习的态度是______________________________。

我最欣赏自己的一次成功是______________________________。

我最欣赏自己的性格是______________________________。

我最欣赏自己对假如的态度是______________________________。

我最欣赏自己做事的态度是______________________________。

2. 投射活动

假如我是一种动物，我希望是______________，因为______________。

假如我是一种花，我希望是______________，因为______________。

假如我是一种树，我希望是______________，因为______________。

假如我是一种食物，我希望是______________，因为______________。

假如我是一种交通工具，我希望是______________，因为______________。

假如我是一部电影，我希望是______________，因为______________。

假如我是一种乐器，我希望是______________，因为______________。

假如我是一种颜色，我希望是______________，因为______________。

假如我有一种万能力量，我希望______________，因为______________。

3. 有一个生长在孤儿院的男孩，常常悲观地问院长："像我这样没人要的孩子活着究竟有什么意义呢？"

院长总笑而不答。有一天，院长交给男孩一块石头，说："明天早上你拿这块石头到市场去卖，但不是'真'卖，记住，不论别人出多少钱，绝对不能卖。"第二天，男孩蹲在市场角落，意外地有好多人向他买那块石头，而且价格越出越高。回到院里男孩兴奋地向院长报告，院长笑笑，要他明天拿到宝石市场上去展示。结果，石头的身价较昨天又涨了十倍。更由于男孩怎么都不卖，竟被传扬成"稀世珍宝"。

男孩兴冲冲地捧着石头回到孤儿院，将这一切禀报给院长。院长望着男孩，徐徐说道："生命的价值就像这块石头一样，在不同的环境下就会有不同的意义。一块不起眼的石头，由于你的珍惜、惜售而提升了它的价值，被说成稀世珍宝。你不就像这块石头一样？只要自己看重自己，自我珍惜，生命就有价值、有意义。"

这篇文章对你有什么样的启示？

推荐书籍

1. 章劲元，郭晓丽. 大学心事——心理咨询师与你聊成长. 武汉：华中科技大学出版社，2011.

推荐理由：本书的目标读者群是大学生，是一本教大学生们怎样做人、怎样生活的通俗读物。本书作者均为大学生心理咨询中心的专职教师，书中案例丰富实际，讲心理但不晦涩，励志但不装腔作势，可读性很强，符合当代大学生闲暇时阅读的要求。本书中用大量篇幅讲述了大学生在自我意识层面存在的各类问题，读之既能开阔视野，了解心理学，也能引起大学生思考，获得收益。

2. 毕重增. 自信品格的养成. 合肥：安徽教育出版社，2009.

推荐理由：本书从人格心理学视角，从基本理论与实证、实践对策两个方面，论证了自信的心理结构与功能，青少年自信品格养成的策略与方法等问题。本书虽然是学术性专著，但语言并不十分学术化，可供学生仔细研读。该书最大的优点是信息量大，论证十分全面，可以弥补本章相关内容的不足。

3. 魏运华. 自尊的心理发展与教育. 北京：北京师范大学出版社，2007.

推荐理由：本书不仅对自尊的概念、理论、结构等进行了科学的阐释，对影响自尊发展的各种因素（包括个人因素、家庭因素、学校因素以及社会文化因素等)进行了系统的分析,而且还对父母和中小学教师如何帮助儿童培养自尊,提出了大量有效的建议和具体措施。此外,对成人如何在学习、工作和生活中提高自尊,也提出了许多可供采纳的措施和方法。书中有大量典型的案例分析,揭示了儿童或成人在现实生活中经常遇到的有关自尊的种种问题。这些建议、方法、措施和案例等,使得本书不仅具有很强的实用性和可读性,而且具有很强的针对性和可操作性。

第三章　绽放人格魅力的华光
——大学生的人格发展

世间一切不过人格的外化。首在立人，人立而后凡事举。

——鲁迅

心灵成长

一、校园故事

同学A，17岁，某高校数学系二年级学生，来自福建农村。她提前一年上小学，由于成绩优异，初中时又跳了一级，于是，上大学时，她的年龄要比同年级的同学小两岁，个子也长得比较矮，因此，看上去不像个大学生。为此，她常常感到自卑，只要一听到有人夸就愤怒，认为是在怜悯她。她平时不敢与同学并排同行，生怕衬托出她的矮小，更不敢与男同学讲话，就怕他们俯视的目光。虽然是以高分考上大学，却常常怕自己的成绩将来比不上来自城里的同学，整天提心吊胆，不是担心文化课考试不及格，就是害怕体育成绩通不过。

她决定彻底改变自己，以弥补这些不足。她喜欢唱歌，于是，拼命去学那些在同学中流行的但自己并不喜欢的歌，还常常不惜放弃整块的晚自修时间去卡拉OK歌舞厅学唱。她本来就喜欢助人为乐，现在更是千方百计地去帮助别人并不一定需要做的事，以“讨好”同学。因为经常想着这些，所以学习时注意力总不能集中，晚上常常要出去唱歌，第二天上课精神就萎靡不振，学习成绩也因此直线下降。看上去她似乎改变了自己，和同学的关系也显得不错，但她内心却感到前所未有的孤独。每当夜深人静时，她常常在被窝里暗暗地流泪，觉得自己脆弱得不堪一击，因此又常常失眠。直到有一天，她鼓足勇气走进学校的心理咨询室，才如梦初醒，知道自己所有这些想法都是典型的庸人自扰，自己所有的用以弥补的行为都是扭曲的发泄。从此，她开始客观而积极地面对自我。

二、积极心态来自积极人格特质

不同人格的人对同一件事抱有不同的态度，一个人能否成功，就看他能否发挥人格中的积极品质、用积极的态度去思考问题。

有一个真实的故事，两位年届七旬的老人，一位认为到了这个年纪可算是人生的尽头，于是开始料理后事；另一位却认为一个人能做什么事不在于年龄的大小，而在于有什么的想法。于是，第二位老人在70岁高龄之际开始学习登山，其中几座还是世界上有名的山。就在最近她还以95岁高龄登上了日本的富士山，打破攀登此山年龄最高的纪录。这就是胡达·克鲁斯老太太。她的壮举表明，成功人士充分发挥积极人格的力量，善于用最积极的态度去思考和最乐观的精神去支配人生。

积极心理学是现代心理学研究的新方向，它把积极体验分成两类：一类是感官愉悦，主要有感官的满足而带来的愉悦体验；另一类是心理感受，个体全身心地投入活动，并在活动中充分发挥自我的积极强项时（大多数情况下伴随着取得某种实现或成就）而产生的一种幸福体验。这些自我的积极强项具有性格类的特征，也就是指我们平常所说的那些与特定的良好品德相联系的个人特质。皮德森和塞利格曼①（2001）曾做过一个积极强项的行为分类评价系统，在这个系统里，良好品德（智慧、勇气等）是核心，而培养性格类积极强项则是确保个体能获得良好品德的重要途径（具体见表3-1）。

表3-1　良好品德和积极强项

良好品德	定义性特点	性格类积极强项
1. 智慧	知识的获得和运用	1. 对世界的好奇和兴趣 2. 爱学习 3. 创造性、创见性和创新性 4. 判断力、批判性思维和开放性思想 5. 个人、社会和情感性智力 6. 大局观
2. 勇气	面临内在或外在压力时，誓达目标的愿望	7. 英勇、勇敢 8. 坚持性、勤奋 9. 正直、诚恳、真实
3. 仁爱	人与人交往之间的积极强项	10. 慈祥、慷慨 11. 爱和被爱的能力

① 这两位心理学家是积极心理学运动的发起人和主要推动者。

续表

良好品德	定义性特点	性格类积极强项
4. 正义	文明的积极力量	12. 公民的职业、权利和义务，忠诚、团队精神 13. 公正、平等 14. 领导的职责、权利和义务
5. 节制	做事不过分的积极力量	15. 自我控制和自我调节 16. 审慎、小心、考虑周到 17. 适度和谦虚

人格心理学在过去的一段时间内过分关注问题人格或人格的问题方面，这使人格心理学发展不平衡，即一方面解决各种人格问题的技能、技巧日益成熟，另一方面对积极人格的形成或发展知之甚少。积极人格强调研究人内心存在的积极力量，只有人固有的积极力量得到培育和发展，人性的消极方面才能被消除或抑制。如果人格心理学仅仅只是以帮助人们消除问题人格或人格存在的消极方面为中心，那么，即使人所有的问题都被消除，其本身具有的积极力量也不可能得到自然发展，这样的人也不可能成为一个自我实现的人。

心理视点

一、人格及其基本特征

人格一词的使用非常广泛，可以在生理、心理、宗教、伦理、法律和美学等不同领域赋予它不同的意义。例如，我们常常听人说，张三的人格卑鄙，李四的人格高尚，这是从伦理道德上给人以评价。在某种情景下有人气愤地说“这是对我人格的侮辱”，这里的人格又属于法律范畴，说明有人侵犯了他的尊严和人权。在国外，有的广告会说这种产品能增进你的人格，其意是指对你的衣着、发型、装饰等有所改进，令你的外表更加美观，这时的人格则是指容貌、仪表给人的印象等。

有这样一个故事：一位老教授昔日培养的三个得意门生事业有成，一个在官场上春风得意，一个在商场上捷报频传，一个埋头做学问如今也苦尽甘来，成了学术明星。于是有人问老教授：你以为三人中哪个会更优秀？老教授说：现在还看不出来，较量有三个层次，最低层次是技巧的较量，其次是智慧的较量，他们现在正处于这一层次，而最高层次的较量则是人格的较量。

这个故事生动地向我们说明，在人的素质结构中，人格起着近乎决定性的作用。人格的魅力如此之大，那么，到底什么是人格？人格是怎样形成的呢？

（一）人格的概念

“人格”来自英文“personality”。“personality”一词又来自于拉丁文“persona”，其本意是指演戏时演员所戴的面具（mask），其实包含两层含义：外在的表现和内在的特性。奥尔波特在总结前人成果的基础上，对人格提出较为全面的定义。他指出：“人格是个体内部身心系统的动力组织，决定人的行为和思想的独特性。”（Allport，1961）

我们把人格界定为个体在行为上的内部倾向，它表现为个体适应环境时在能力、情绪、需要、动机、兴趣、态度、价值观、气质、性格等方面的整合，是具有动力一致性和连续性的自我，是个体在社会化过程中形成的给人以特色的身心组织。这个定义主要强调了人格的四个方面：整体的自我、稳定的自我、独特的个性，具有身心组织的社会化的对象。

近年来，研究者们在人格描述模式上形成了比较一致的共识，提出了人格的大五模式，Goldberg（1992）称之为人格心理学中的一场革命，研究者通过词汇学的方法，发现大约有五种特质可以涵盖人格描述的所有方面。大五人格（OCEAN），也被称之为人格的海洋。

外倾性（extraversion）：好交际对不好交际，活泼对严肃，感情丰富对含蓄，表现出热情、社交、果断、活跃、冒险、乐观等特点。

神经质或情绪稳定性（neuroticism）：烦恼对平静，不安全感对安全感，自怜对自我满意，包括焦虑、敌对、压抑、自我意识、冲动、脆弱等特质。

开放性（openness）：富于想象对务实，寻求变化对遵守惯例，自主对顺从，具有想象、审美、情感丰富、求异、创造、智慧等特征。

随和性（agreeableness）：热心对无情，信赖对怀疑，乐于助人对不合作，包括信任、利他、直率、谦虚、移情等品质。

尽责性（conscientiousness）：有序对无序，谨慎细心对粗心大意，自律对意志薄弱，包括胜任、公正、条理、尽职、成就、自律、谨慎、克制等特点。

从大五人格特质理论的本质看，人格心理学家相信在每个人内心深处都存在两股抗争的力量：一股力量是消极的，它代表压抑、侵犯、恐惧、生气、悲伤、悔恨、贪婪、自卑、怨恨、高傲、妄自尊大、自私和说谎等；另一股力量是积极的，它代表喜悦、快乐、福乐、和平、爱、希望、负责、宁静、谦逊、仁慈、宽容、友谊、同情心、慷慨、真理、忠贞和幸福等。这两股力量谁都可战胜谁，关键是看个体自身到底是在哪一股力量上不断注入新的能量，在给哪一股力量创造适宜的生存心理环境。

（二）人格的基本特征

1. 人格的整体性。人格的整体性是指人格虽有多种成分和特性，如能力、气质、性格、需要、动机、态度、价值观等，但在一个现实的个人身上，它并不是孤立存在的，而是错综复杂的，相互联系、相互作用组成一个有机的整体。

2. 人格的稳定性。人格的稳定性是指个体的人格特征具有跨时间的连续性和跨情境的一致性。个人行为中偶然表现出来的心理特征和心理倾向不能表征一个人的人格。由于人格的稳定性，我们可以通过人格特征的描述来推论个体整个一生的人格状态。但是，人格具有稳定性并不意味着人格是一成不变的，人格也具有可塑性，它随着现实环境的变化会发生某些变化。

3. 人格的独特性。人格的独特性是指人与人之间的心理和行为是各不相同的。也就是说，一个人的人格是由某些与别人共同的或相似的特征，以及完全不同的特征错综复杂地交织在一起构成的，具有独特性。由于人格结构组合的多样性，每个人的人格都有自己的特点。"人心如面"，在日常生活中，我们随时随地都可以观察到个性各异的大学生个体。当然，人与人之间在人格上也有共同性，人格是共同性和差异性的统一。

人格中含有人们共同的成分，文化造就了人类，某一个人群或某一个民族都有一个共同的典型的心理特点，对事、对人和对自己的价值观、态度和看法都有某些共性，这种共性是在一定的自然环境和社会环境中逐渐形成的。心理的共性和差异性在人格中是统一的，它们的统一性有两种含义：一是某一集团共有的心理特点总是通过集团内的成员个人体现出来的，它制约着个人的独特性的特点；二是人类具有的一些共同的心理活动规律也表现在不同的人身上。

4. 人格的社会性。人格的社会性是指社会化把人这样的动物变成社会成员，人格是社会的人所特有的。社会化是个人在与他人交往中掌握的社会经验和行为规范，是获得自我的过程。人类的婴儿不同于其他动物的幼儿，具有一种与生俱来的对社会生活的需要及适应这种社会生活的能力，如学会使用语言，用概念进行思维，将所学的经验加以抽象、沟通和传递的能力。如果婴儿的社会化过程被剥夺，他就不可能成为真正的人，比如在20世纪早期，印度发现的狼孩，不管后期经过怎样的训练，他都不能获得真正

的世界，都自成一个有机的系统，形成这个系统的各种元素都有自己的排列方式和组合方式。但是，任何一个人，不管性格多么复杂，都是由正反两极所构成的。

性格在人的个性当中处于核心地位。这首先是因为性格有其社会评价的意义，人们可以对某种性格特征的社会价值进行评判。例如诚实或虚伪、仁慈或冷酷、勇敢或怯懦、勤奋或懒惰、认真或敷衍、宽容或尖刻等。这些性格特征无论在哪一种社会里，都具有明确的积极或消极的价值倾向。相比之下，个性中的能力、气质因素就不具有直接的社会评价意义，而且对个人而言也难以确定其绝对的高下或好坏，因为每个人在能力上各有所长，也各有所短；每个人的气质类型在面临不同的环境与活动任务时，也会表现出有利或不利的一面。因此，一个人个性的优劣主要从性格上体现出来。

其次，性格还制约着能力与气质的发展方向和表现形式，如勤奋造就了天才，懒惰荒废了才华；又如做事认真的性格使原本脾气急躁的胆汁质的人可以忍耐琐碎、细致的工作，而做事敷衍的性格使原本沉静、稳重的粘液质的人做起工作来丢三落四、差错不断。因此，人与人的个性差异首先是性格的差异，而不是能力水平、气质类型的差异。要塑造良好的个性，最重要的是培养良好的性格。爱因斯坦曾说："优秀的性格和钢铁般的意志比智慧和博学更为重要……智力上的成就在很大程度上依赖于性格的伟大，这一点往往超出人们通常的认识。"

我们往往在一些重大关头不由自主地作出某种决定，尽管有时心里明白并非上策，还是情不自禁，事后想想也觉得奇怪，不明白当时缘何如此冲动或冷漠，为何那样固执己见或软弱无能，只好解释为这一切都是命中注定。其实，在这些超出自身控制的时刻，有意识或无意识地起作用的就是性格。我们自己不是不知道，不是不想避免，但事到临头总以为已经不受其影响，事后细细玩味，当初之所以作出这些决定还是性格决定的。

（五）影响人格形成的因素

在一个人的人生发展历程中有许多因素会影响人格的发展，研究表明：人格是在遗传与环境交互作用下形成的，人格的塑造是先天、后天因素共同作用的结果。在人格培养过程中，既要看到个体的生物遗传的影响，更要看到社会文化的决定作用。遗传与环境因素在人格形成中谁起主导作用？带着这个问题，我们先来看看影响人格形成的因素有哪些。

1. 生物遗传因素。心理学家艾森克不仅致力于人格结构的分析，而且试图寻求人格形成的原因。艾森克认为人格的个体差异主要是遗传造成的。它的主要根据是:第一,人格的三种基本特质在一个人的一生中保持相当的稳定性。一项研究表明,被试者在45年内的内外倾保持在一定水平上。第二,跨文化的研究表明在不同的国家、不同背景中,不同的研究者运用不同的方法都发现了人格的三种基本特质,即内外倾、神经质和精神质。如果不是生物因素起主导作用,就不能解释这样的跨文化一致性,因为不同的国家、不同的文化背景意味着环境和教育的显著差异。第三,对于人格的三个基本特征,都可以进行生理学的解释。就内外向性而言,外向的人喜欢社交、喜欢刺激性较强的活动,内向的人不爱交往、喜欢安静的环境,是因为大脑皮层的刺激唤醒水平不同。外向的人皮层唤醒水平比内向的人低,他们要去寻找强烈的刺激,缺少刺激对他们而言意味着枯燥、沉闷和无聊;内向的人皮层唤醒水平较高,微弱的刺激就足以维持他们的兴奋,较强的刺激很快就会使他们感到疲劳。因此,外向的人喜欢嘈杂的聚会而内向的人却希望早点离开。

另有心理学家通过对双生子的研究表明:遗传是人格不可缺少的因素,但遗传因素对人格的作用因人格特征的不同而不同。遗传主要决定了人格形成和发展的基础,通常在智力、气质这些与生物因素相关较大的特征上,遗传因素较为重要,如气质的形成,包括兴奋性强弱、主动或被动、反应速度快慢、活动水平高低、反应强度大小等;而在价值观、信念、性格等与社会因素关系紧密的特征上,后天环境因素更重要。人格发展过程是遗传与环境交互作用的结果,遗传因素影响人格发展方向及形成的难易。

2. 社会文化因素。人一出生便置身于社会文化之中并受社会文化的熏陶与影响,文化对人格的影响伴随着人的一生。例如,米德等人研究了新几内亚的三个民族的人格特征,结果表明:来自于同一祖先的不同民族各具特色,鲜明地体现了社会文化对个体的影响。居住在山丘地带的阿拉比修族,崇尚男女平等的生活原则,成员之间互相友爱、团结协作,没有恃强凌弱、争强好胜,一派亲和气象。居住在河川地带的孟都古姆族,生活以狩猎为主,男女间有权力和地位之争,这个民族的成员表现出攻击性强、冷酷无情、嫉妒心强、妄自尊大、争强好胜等人格特征。居住在湖泊地带的张布里族,男女角色差异明显,女性是这个社会的主体,她们每日操作劳动,掌握着经济实权,而男性则处于从属地位,其主要活动是艺术、工艺和祭祀活动,并承担孩子的养育责任。这种社会分工使女人表现出刚毅、支配、自由与快活的性格,男人则有明显的自卑感。

米德等人的研究表明:社会文化具有塑造人格的功能,这反映在不同文化的民族有其固有的民族性格，不同的地域有着不同的文化传统，不同的文化发展时期有着不同的文化认同。

3. 家庭环境因素。家庭对一个人的人格的形成和发展具有重要和深远的影响。家庭是儿童最初的环境，社会和时代的要求往往是通过家庭在儿童心灵上打下烙印的。许多精神分析学家认为，从出生到五六岁，是人格形成的最主要阶段，这时一个人的人格类型已基本形成。在这个阶段，绝大多数儿童在家庭中生活，在父母抚养下长大。因此，父母的态度对于一个人的人格的形成和今后的发展起着重要的作用。俗话说“有其父必有其子”，其中不无一定的道理。按照家长的意愿和方式教育孩子，使孩子逐渐形成了某些人格特征。

家庭教育方式一般可分为三类：第一类是权威型教养方式。这类父母在对子女的教育中，表现得过于支配，孩子的一切由父母控制。成长在这种教育环境下的孩子容易形成消极、被动、依赖、服从、懦弱的人格特征，做事缺乏主动性，甚至会形成不诚实的人格特征。第二类是放纵型教养方式。这类父母对孩子过于溺爱，孩子多表现为任性、幼稚、自私、野蛮、无礼、独立性差、唯我独尊、蛮横胡闹等。第三类是民主型教养方式。父母与孩子在家庭中处于一个平等和谐的氛围中，父母尊重孩子，给孩子一定的自主权，并给孩子积极正确的指导。父母的这种教育方式使孩子形成了一种积极的人格品质，如活泼、快乐、直爽、自立、彬彬有礼、善于交往、合作、思想活跃等。

由此可见，家庭对人格的培育起到至关重要的作用，父母在养育孩子的过程中，表现出了自己的人格，并有意无意地影响和塑造着孩子的人格，形成家庭中的“社会遗传性”。

4. 儿童早期经验。“早期的亲子关系影响行为模式，塑成日后的行为”，这是有关早期童年经验对人格影响的一个总结。中国也有句俗话：“三岁看大，七岁看老。”

人格发展的确受到童年经验的影响，幸福的童年有利于儿童向健康人格发展，不幸的童年则会引发儿童不良人格的形成。早期经验不能单独对人格起决定作用，它与其他因素共同来决定人格。早期儿童经验是否对人格造成永久性影响因人而异，对于大部分人而言，随着年龄的增长、心理的成熟，童年的影响会逐渐缩小。

5. 学校教育因素。学校是一种有目的、有计划地向学生施加影响的教育场所，学校教育对学生人格的发展具有指导、定向作用。教师的人格特征、行为模式与思维模式对学生产生巨大影响，每个教师都有自己独特的风格，这种风格为学生设定了一个“气氛区”，在教室的不同气氛区中，学生有不同的行为表现。洛奇在一项教育研究中发现，在冷酷、刻板、专横的老师所管辖的班级中，学生的欺骗行为增多；在友好、民主的教师气氛区中，学生的欺骗较少。心理学家勒温等人也研究了不同教育风格对学生人格的影响作用，在专制型、放任型和民主型的教育风格下，学生表现出不同的人格特点。

6. 自我调控因素。上述各因素体现的是人格培养的外因，而外因是通过内因起作用的。人格的自我调控系统就是人格发展的内部因素。人格调控系统是以自我意识为核心的，自我意识是人对自身以及对自己同客观世界的关系的意识，具有自我认知、自我体验、自我控制三个子系统。自我调节系统的主要作用是对人格的各个成分进行调控，保证人格的完整、统一与和谐。

综上所述，在人格的培育过程中，各个因素对人格的形成与发展起到了不同的作用。就人格状态而言，后天环境因素的作用更大；但就人格的不同成分来看，遗传、环境的作用因人格特征而异。例如，人的气质、智力等成分受遗传因素的影响更大，人的性格、价值观等主要受到后天环境影响。遗传决定了人格发展的可能性，环境决定了人格发展的现实性。

大学时代既是学习掌握知识的黄金时代，也是人格发展的重要阶段。大学生心理发育还没有完全成熟，人格出现一些偏差也在所难免。有些大学生自认为自己的人格是正常的，可走入社会后却发现矛盾重重。因此，让大学生充分了解自身个性，发现不足并进行调适，有助于他们今后更加适应社会。

阅读材料 3-1

埃里克森的人格发展八阶段理论

著名人格心理学家埃里克森提出，在我们生命的每一个阶段都要面对一种特有的心理困境或“危机”。这些危机能否解决，关系着我们能否顺利获得某种心理品质。这八个阶段的危机和相应的心理品质分别是：

第一阶段，婴儿期(0～1 岁)：信任对不信任。如果婴儿在这一阶段能够得到温暖和爱，就会形成对他人的信任感，否则就可能产生不安全感和对他人的猜疑。

第二阶段，儿童期(1～3岁)：自主对羞怯和怀疑。如果儿童在这一阶段获得父母的包容和鼓励，就会获得自主性。如果父母嘲笑孩子，或者包办一切，则可能让孩子产生羞怯和自我怀疑。

第三阶段，学龄初期(3～5岁)：主动对内疚。在这一阶段，如果父母让孩子自由地做游戏、提问、运用想象和选择活动，就可能强化儿童的主动性。如果父母总是严厉地批评孩子，不让他们玩游戏，不鼓励他们提问，会让孩子认为积极主动地参与活动是件错事，从而产生内疚感。

第四阶段，学龄期(6～12岁)：勤奋对自卑。这一阶段，如果儿童在技能学习上获得成功并得到赞扬，他们就会形成勤奋的倾向。如果儿童的努力总是遭到贬低或嘲笑，他们就会怀疑自己的能力，并形成自卑倾向。

第五阶段，青春期(12～18岁)：角色认同对角色混乱。这一阶段，青少年必须把自己的过去经历、当前的处境和对未来的想象统合起来，形成统一的自我认知，即角色认同。无法形成这种角色认同的人会陷入角色混乱的痛苦中，因为他们无法确定自己是谁，不知道该何去何从。

第六阶段，成年早期(18～25岁)：亲密对孤独。在这一阶段，个体感到自己在生活中有亲近他人、分享爱和友谊、建立亲密关系的需要。如果没有办法在这个阶段和他人建立起亲密关系，很多人就会陷入深深的孤独感。

第七阶段，成年中期(25～65岁)：繁衍对停滞。这一阶段，个人开始关心社会，承担社会责任，关心下一代的成长。而如果过度关心自己的需求和舒适，则会陷入空虚，并怀疑生命的意义。

第八阶段，老年期(65岁以后)：完美对绝望。这一阶段，个体常常回顾自己一生走过的路。一生充实和对自己负责的人会有一种完美感，可以带着尊严面对衰老和死亡，而感到遗憾和懊悔的人则会因为衰老和死亡的威胁而恐惧或消沉。

二、大学生健康人格的塑造

塑造和培养良好的人格是个体成长与发展的关键。在人的素质结构中，人格起着近乎决定性的作用。人格是人的心理面貌的集中反映。心理学研究表明，随着社会的发展，人类健康幸福的生活越来越多地取决于人类自身的人格健康状况，而且人格的健康发展也是促进社会健康发展的一种力量。大学生加强自我修养，培养健康人格非常必要，也非常重要。

（一）健康人格的内涵

关于健康人格，目前没有一个统一的定义，我们认为健康人格就是有正确的自我意识、良好的人际关系、合理的情绪调节、良好的社会适应能力、心理内部的和谐发展等各种心理特征的总和。它们之间的关系是有机统一，相辅相成的。

1. 正确的自我意识。人格健康的人首先具有正确的自我意识，对自己以及自己与周围环境的认知比较客观、实事求是，了解自己的内心世界，了解自身存在的价值，有自知之明，即对自己的优缺点、长处与不足能作出客观的、全面的分析和评价，对自己无明显苛刻、非分的期望与要求，相信天生我才必有用，既不贬低自己也不抬高自己。因此，制定生活、学习、人生奋斗目标总是比较符合自己的实际情况。因而，能够正确评价自我和悦纳自我，即使在人生的奋斗历程中经历了挫折，甚至是致命的打击，也能以“闲看庭前花开花落”的心态泰然处之而不怨天尤人。有正确的自我意识的人具有较强的自我控制力，既不清高、狂妄，又不妄自菲薄，勇于正确地悦纳自我，包括自己的优点与缺点，能用正确的自我意识来看待自己的优点与缺点，欣赏自己的优点，但又不孤芳自赏、自高自大、目空一切，也能够接受自己的缺点，正确认识自身的不足，从而改掉缺点，最终达到完善自我、超越自我。

2. 融洽的人际关系。人格健康的人能够正确处理人际关系，与他人建立和发展友谊，能够宽容和理解别人，欣赏别人的优点，坚持求同存异的原则，不把自己的观点强加于人，“己所不欲，勿施于人”，能够从容地处理与他人的关系，与大部分人都相处得很融洽，同时，也有自己的知心朋友，并能很好地融入集体当中去。以诚待人，守信用，与朋友肝胆相照、荣辱与共，对其他同学也施以尊重、信任、友爱等积极性态度。不卑不亢、宽容大度，既能欣赏别人的长处也能悦纳别人的短处，能正确处理竞争与合作的关系，高度关心集体利益和他人利益，并积极谋求个人与集体的双赢。相反，疑心重重、嫉贤妒能、尖酸刻薄、自私自利、妄自尊大、孤芳自赏或过于畏缩、自卑、拘谨等，都是人格不健康的表现。另外，在人际交往中显示出尊重自己和尊重别人、理解和信任、同情和具有民主风格等优良品质。健康人格的人开朗、热情和坦诚，而不健康人格的人，在人际交往中常常表现出不良的情绪体验，容易产生恐惧、焦虑、孤独，甚至产生多疑、嫉妒、敌对、攻击的心理和行为。嫉妒心强的人很难能在互惠的基础上与他人合作，傲慢自大的人也绝不会虚心倾听别人的意见。正如高玉祥教授所说：“人格健康者，在日常交往中既不随波逐流，也不孤芳自赏，能够使自己的行为与朋友、同学协调一致。”

3. 合理的情绪调节。合理的情绪调节就是指大学生能对自己的情绪进行科学管理,遇到不良情绪能够合理调节,同时对过激的情绪能够进行合理宣泄,从而达到身心和谐发展。健康人格的大学生对情绪的基调是积极的、乐观的、愉快的,能够接纳自己与他人的情绪,能够合理表达自己的情绪,能够较好地表达与调节自己的负面情绪,能够适时、适度地作出情绪反应,而且情绪反应能够与周围的环境相协调、相适应。

4. 积极的社会适应。人格健康的人能对社会采取现实的态度,正视并敢于面对人生,适应社会的变化,善于选择积极主动的生活方式,较好地调整个人期望与社会期望的矛盾冲突,保持与社会的协调一致,在思想、目标和行为方面跟上时代的发展。相反,有人格缺陷的人,则会表现出对社会环境和现实的消极适应或不适应倾向。逃避现实的冷漠,看破红尘的玩世不恭或为达到个人某种目的,不惜采取反社会的态度,我行我素,一意孤行,与社会需要背道而驰,与社会规范、学校纪律不相容,其后果必会走入误区。

5. 心理的和谐发展。人格健康的人,他们的需要和动机、兴趣和爱好、智慧和才能、人生观和价值观、理想和信念、性格和气质等都朝着健康的方向发展。他们的内心协调一致,言行统一,能正确认识和评价自己的所作所为是否符合客观需求,是否符合社会道德准则。他们能通过和谐一致的内心及时调整自己与外部世界的关系。一个人如果失去他的人格内在统一性,就会出现认识扭曲、情绪变态、行为失控等问题。完整统一的人格在大学生身上则体现为所思所想、所作所为都是协调一致的。因此,具有稳定、完整人格的学生,言行一致、表里如一、思想和行为协调一致,不违背自己的道德认知,不为外在的目的出卖自己的良知和道德信念,对外界刺激反应适度、协调合拍、不偏颇,能被自己、被他人、被集体和社会所认同。

(二)健康人格的塑造

1. 培养自立。从心理学的角度来说,自立是个体从依赖的人和事那里独立出来,自己行动、自己做主、独立判断、对自己的承诺和行为负责任的过程。对大学生来说,自立是他们的一个重要发展任务。研究表明,自立意识强的大学生在行为上表现出较多的自主行为,他们能较好地安排自己的生活计划,对挫折与困难能主动进行自我调节,能积极参与学校的各种社团活动和其他形式的集体活动。在遇到困难时,他们能采取更成熟的应对方式,推动个体的行动。自立意识强的大学生,对自己有着比较积极的认识,能更积极地投入生活和学习,人际关系也更为和谐。通过一定的训练活动,如团体辅导等,还可以提高大学生的自我概念,改善大学生的社会自立意识。

2. 树立自信。自信是一个多维度、多层次的心理系统，是个体对自己的积极肯定和确认程度，是对自身能力、价值等作出正向认知与评价的一种相对稳定的人格特征。研究表明，成败经验是影响大学生自信的重要因素，特别是成功经验对个体自信有明显影响，他人成败经验与个体自身成败经验是导致自信水平高低不同的原因。自信心会带来顽强毅力，可以使人们最大限度地发挥聪明才智，蔑视困难和失败。培养自信心的关键是要肯定自身存在的价值。学会客观地分析自己，既要看到自己的长处，也要了解自己的不足。有良好的自信心才能充分发挥自己的潜能，迈向成功之路。如果说一个人是自己命运舵手的话，那么，自信心就是指引人生小舟航向的罗盘。自信对一个人事业的成功是至关重要的，自信是走向成功人生的第一步，世界上许多著名的成功人物大都是依靠坚定的自信心取得成功的。

3. 保持自尊。自尊心是性格结构中的一种可贵品质，正如教育家苏霍姆林斯基说："人类有许多高尚的品格，但有一种高尚的品格是人性的顶峰，这就是个人的自尊心。"自尊是个人要求社会、集体和他人尊重自己、尊重自己的社会地位和荣誉的心理倾向，它和自我接受、自我肯定、自我赞许相联系。自尊是性格结构中的可贵品质。自尊的人渴望表现自己，进取心强，关心自我形象，对平等有强烈的要求，热爱真理，尊重客观现实，既不孤芳自赏，也不随波逐流，对他们能接纳和信任。正因为如此，自尊能使人采取积极的生活态度，成为推动人不断进取的巨大动力。缺乏自尊心会使人产生自卑心理，自轻自贱，妄自菲薄，甚至自暴自弃，和他人交往时，常常发生困难，有孤独感，荣誉、成就、地位等社会要求水平降低，丧失向上的勇气和决心，变得意志消沉，遇到挫折有可能就此沉沦。

4. 学会自制。自制是指一个人自觉地调节控制自己行动的品质。自制力强的人，能够理智地对待周围发生的事件，有意识地调节自己的思想感情，约束自己的行为，成为驾驭现实的主人。自制的调节作用，表现为发动行动和制止行动两个方面：所谓发动行动是指激励和推动人们去从事达到预定目标所必需的行动；所谓制止行动是指抑制和阻止不符合预定目标的行动，这两者是对立统一的。大学生在学习上需要有较强的自制力，他们在以后的事业中更需要坚强的自制力品质。在正确的学习动机和目的支配下的大学生，会激励自己勤奋学习，同时也抑制和阻止与学习无关的活动或杂念的干扰，一个人在集中精力完成某项特殊任务时，在自制力的作用下，能排除干扰，抑制那些不必要的活动。自制力强的人，能够选择正确的活动动机，调整行动目标和行动计划，也能理智地调节自己的欲望，有区别地去满足那些社会要求和个人身心发展所必需的欲望，对不正当的欲望坚决予以抛弃。

5. 乐观向上。人格健全的大学生一般积极追求上进，有自己的目标并努力去实现它，并在此过程中追求自我价值的实现。另外，人格健全的大学生，往往比较乐观，乐观是我们每个人都应该具有的生活态度。乐观的人常常看到生活中光明的一面，对前途充满希望和信心。因此，大学生应当积极进取，树立远大的理想和志向，努力奋斗，乐观地看待未来。人格健全的人能够在积极进取当中，通过自己的努力实现理想，从而体验到成功的快乐，享受到生活的快乐，做一个幸福的人。

实验实训

人格特质团体心理训练

（一）我的性格类型

活动目的：了解自己、理解他人

活动准备：性格测试表

材料：性格测试表（纸质，内容见附件）

步骤1：领导者给每人发一张性格测试表，要求成员在符合自己的项目上打钩。

步骤2：做完以后，要求成员把同一类的分数相加（如某甲选择的是S—5，S—11，C—9，C—16，M—2，M—14，P—17，P—40，则同类的相加后，得S：16分，C：25分，M：16分，P：57分）。

步骤3：根据得多少分，确定每个人的主导性格（最高的得分为这个人的主导性格，如某甲的最高得分是P，那他的主导性格就是冷静型）。

步骤4：根据性格分组，同类性格的人在一组。先讨论这类性格的优点，然后派代表在团体内汇报，再讨论这类性格的缺点，再派代表在团体内讨论。

步骤5：总结分享。分析各个类型特征的优势和不足，如何扬长避短，发挥个性优势，完善个性中的不足。

注意：如果成员在分享的时候没有谈到以下几点，领导者在总结的时候可以加进去：

（1）大多数情况下，每个人都有多重性格，但其中必然有一个占主导地位。

(2)一般情况下,在任何一个人群中,这四种类型的人都会存在。

(3)对性格的了解,有助于我们了解自己和别人的差别,使得我们能更好地了解自己、了解他人。

附件:性格测试表

做题要求:阅读以下40题,将符合你个人情况的命题标出。不要在一个问题上拖得太久,根据自己的第一反应或第一印象作出判断即可;不符合你个人情况的命题不标出。

S—1 人们说我非常友好。

M—2 我只有几个朋友,但我们的关系非常密切。

C—3 我是天生的领导者。

P—4 我节省,不乱花钱。

S—5 我享受生活。

M—6 我喜欢每个细节都完美。

M—7 我情绪不定,常在早晨起床后不知今天会是什么情绪。

M—8 我发现自己很容易批评人与事。

C—9 我容易生气。

P—10 我难以作出决定。

P—11 很少有事情能使我生气与不安。

S—12 和一群人在一起时我喜欢讲生动的故事。

S—13 有人说我不太靠得住。

M—14 我很自律。

C—15 有人说我冷漠无情。

C—16 我果断。

P—17 我幽默风趣。

P—18 我喜欢散步或无所事事。

S—19 我不是很有组织纪律性。

P—20 我更喜欢旁观而不是参与。

C—21 我发现自己难以宽恕别人。

C—22 我在短时间做很多事情。

S—23 有人说只要有我的场合就会热闹。

M—24 我易于犹豫和悲观。

P—25 我做什么都不是特别的积极主动。

P—26　我非常有耐心。

S—27　我爱说话。

M—28　我实在不喜欢大的聚会，只愿意与几个亲密的朋友在一起。

S—29　我是个特别热情的人。

C—30　有人说我是一个非常勇敢的冒险者。

C—31　我对事情有清楚的看法。

P—32　我喜欢睡觉。

C—33　我喜欢调节局势与事态。

M—34　我不擅长交朋友。

M—35　我非常喜欢艺术，因为艺术能反映我的心灵追求。

S—36　我爱几乎每一个人。

C—37　我非常自信。

M—38　我常感觉别人不喜欢我。

S—39　我花钱很大方。

P—40　我常感到很累。

分别将你标出的所有M、S、C、P后的数字相加，并将相加后分数分别填写在以下相对应字母的空白处。

S(乐天型或活泼型)__________　　C(急躁型或力量型)__________

M(忧郁型或完美型)__________　　P(冷静型或平和型)__________

（二）认识你自己

目的：让每个同学深入了解自己的独特性。

步骤1：首先每个同学在卡片上写出自己的个性特点(含优点、缺点)。

步骤2：将每个同学的卡片混在一起，任意挑选一张，主持人大声朗读，请其他同学猜猜这是谁。

步骤3：引导与分享：鼓励同学看到自己的独特性，因独特而美丽；可以走到同学面前，真诚地赞美对方，如“你的眼睛很有灵性”“你的性格很开朗”等等，切忌浮夸，也不要抓住别人的缺陷大加赞美。

（三）素质木桶

目的：深入认识和评价自己，认识自身有哪方面的素质有待提升和完善。

步骤1：全体分成6～8人一组，每人将白板纸裁成约15厘米长、2.5厘米宽的长方形，共准备8小块。在每小块白板纸的背面画上10等分的格

子，正面写出一项对自己学习、工作、生活及事业影响较大的素质（需要在8块小白板纸上分别写出8项素质）

步骤2：以10分制分别给每一项素质打分。如“果断”某同学打7分，在白板纸7等分处截断，最后用8块白板纸围成小木桶，将此小木桶放在经常能看到的地方，时刻提醒自己。

步骤3：引导与分享：木桶能盛下多少水，不取决于最长的那块，而取决于最短的那块。审视自己，看看自己的素质存在哪些短板，思考如何努力加长它。

（四）发现并利用

活动目的：一个人的优势，能帮助一个人走向成功，但同时，优势也有可能成为个人成功道路上的陷阱。此游戏可以帮助同学们正确认识优势，防止优势陷阱。教会学生正确认识自身的优势与劣势，帮助学生正确对待自身优势与劣势，避免自负与自卑。

活动材料准备：图片、硬币以及彩色笔。

步骤1：故事导入。

三个旅行者同住一家旅店，早上出门时，一个旅行者带了一把伞，另一个带了一根拐杖，第三个什么也没带。晚上回来时，拿伞的人浑身是水，拿拐杖的跌得遍体鳞伤，而第三个旅行者却安然无恙。前两个旅行者很奇怪：“为什么他什么都没带却没事呢？”第三个旅行者却反问拿伞的旅行者：“为什么你会被淋湿而没有摔伤呢？”拿伞的旅行者说：“当大雨来临的时候，我因为有伞就大胆地在雨中走，却不知道怎么被淋湿了。当我在泥泞坎坷的路上行走时，因为走得非常小心，而未被摔伤。”第三个旅行者又问第二个旅行者：“为什么你没有被淋湿而是摔伤了？”拿拐杖的说：“当大雨来临时，我便朝能躲雨的地方走，所以没被淋湿；当我走在泥路上便用拐杖拄着走，却不知为什么常常跌倒摔伤。”第三个旅行者听后笑了笑说：“这就是我安然无恙的原因。当大雨来临的时候，我避开走，所以没淋湿；道路坎坷时，我小心行走，所以未被摔伤。你们的失误就在于你们自恃有凭借的优势，就认为能安然无恙，但有了优势就少了忧患，这就是优势陷阱。”

步骤2：角色扮演。三张图片，具体情景是即将参加比赛三个同学的表情和自言自语，他们分别说：我不行、我能行和我最牛。

选三名学生根据图片上台即兴表演，其他学生用词或语言来描述图片中的人物，并且告诉同学们他们三个人有可能的结局会是什么样的？

我不行____

我能行

我最牛

步骤 3:如何走出“我不行”的陷阱

心理学家关于大象的成长实验:一只大象从小就被一根不太粗的链子锁住,经过无数次努力都不能挣脱链子的束缚站起来。长大以后,它的力量足以挣脱链子了,然而它不再去努力。即使链子放在身上不加任何固定,它也不会去努力。这是为什么?

学生:因为小时候每一次想站起来都站不起来,它就形成了自己不行的认识。

教师:过去的行为结果告诉它自己不行。那么它现在行不行?

学生:行。

教师:这就是形成了自我认识与现实自我之间的差异,大象并没有正确地认识到现实自我中的潜力。

教师:多数认为自己不行的人,其实并非是真的不行。使他们产生这种心理的另一个原因是:他们把人与人之间的天赋差异看得太神秘,事实并非如此。

根据我国心理学家对 20 万人进行的调查结果表明:智力特别高的人约占千分之三,智力特别低的人也约占千分之三,而绝大多数正常人的天赋都是相差无几的。现实生活中人们表现出来的智力和能力有较多的差异,这并非天赋的差别所造成,而有自信心、努力程度和方法等主观原因,也有环境、机遇等客观原因,其中主观原因起主要作用。

那么请同学们回忆你曾经有过这样的事情吗?每个小组进行交流,如果下次遇到同样的事情,你该怎么做?

步骤 4:走出自负的陷阱

自负:自视过高,认为自己非常了不起,总认为自己比别人聪明很多,“别人都不行,只有我行”。

当一个人只看到自己的优点,看不到自己的缺点时,往往会产生自负的个性。这种人往往好大喜功,取得一点小小的成绩就认为自己了不起,成功时完全归因于自己的主观努力,失败时则完全归咎于客观条件的不合作。

请同学们小组讨论:

(1)你有过自负的时候吗?请与小组成员进行分享。

(2)你如何看待自负的人?

步骤 5:硬币的另一面。任何事情都如我手上的硬币一样,有正面也有反面，也就是说凡事都有两面性，正如我们每个人性格中的某些成分。现在请同学们来分析一下，以下性格特点会给一个人带来什么样的印象？

活泼——不稳重，话多

上进心强——对自己要求特高，容易产生受挫感

独立——过于独立的人易固执，听不进去别人的意见

步骤6：找出你的另一面。请学生结合自身的优势，找出自己容易走进哪些陷阱，在以后的生活中你该如何避开这些陷阱呢。

（五）结束活动：10年幻游

步骤1：首先进行放松练习，然后在充满遐想的背景音乐中，主持人通过引导语帮助同学们想象10年后自己的一天是怎样度过的。

引导语：我们来想象一下未来10年后的自己将变成一个怎样的人。现在，想象你已经由时空旅行来到未来10年后的世界，在10年后的某一天。新的一天开始了，你刚刚醒来。今天是什么日子？现在几点钟了？你在哪里？听到什么？闻到什么？你还感觉到什么？有人和你在一起吗？是谁呢？现在，你起床了，下一步要做些什么？你现在正穿衣服，衣服是什么款式的？是什么颜色的？穿好了衣服，你在做些什么？吃早餐？你心情如何？你想到了什么？现在，你正要去某个地方，回头看的时候，你刚才离开的是什么地方？你出门了，你乘坐什么交通工具？有人和你在一起吗？谁呢？当你走的时候，请注意周围的一切。然后，你到达目的地了，目的地是什么地方？你对这个地方的感觉如何？你想到了什么？在这，你想要做些什么？旁边有人吗？他们和你是什么关系？你在这里待多久？今天你还想去别的地方吗？在这一天当中，你还想做什么？还有一点时间，你还可以再做一件你想做的事情。现在，你回家了，有人欢迎你吗？回家的感觉怎么样？你如何与家人分享这一天所做的事情？吃了晚饭，你在干什么？看电视？看书？或者做别的什么事？现在，你准备去睡觉了。回想这一天，你感觉如何？你希望明天也如此吗？你对这种生活感觉究竟如何？现在，你回到教室里了，请注意，不要睁开眼睛，请你慢慢感觉回到教室里，摸摸前面有什么，动动脚。现在，请你睁开眼睛，看看周围的一切，欢迎你旅行归来。

体验感悟

1. 30天改善计划。在下列5个方面填入你一个月内必须做到的事情，

一个月后再检查一下进度，并重新建立新的目标。

(1)从现在起要改掉这些习惯(举例)

①不按时完成各种事情的习惯。

②消极性的词语常挂在嘴边的习惯。

③作息时间无规律的习惯。

(2)从现在起要养成这些习惯(举例)

①每天早上醒来都对自己说些激励的话。

②睡前就把第二天的事计划好。

③任何场合尽量赞美别人。

(3)用这些方法来增加自己的学习工作效率(举例)

①在最高效的时间干最重要的事情。

②每天都安排一定的运动、休闲或机动时间。

③经常静静思考，包括改善学习和工作的方式方法。

(4)用这些方法来增进同学之间的和谐(举例)

①尊敬自己周围的每一个人。

②认真聆听他人的意见，努力了解他人的观点及其支撑的理由。

③对他人为自己做的哪怕是小事也表示更大的谢意。

(5)用一些方法来修养自己的个性(举例)

①阅读一本励志书籍。

②每周花两小时阅读本专业的杂志。

③结交几个新朋友。

2. 有两个父亲，一起带着自己的儿子去登山。山高路远，经过一番艰苦的跋涉，终于到达了山顶。疲累之余，他们兴高采烈地欣赏风景。当他们把目光投向远方时，发现满眼皆是青山，层峦叠嶂，绵延不绝，近的清楚，远的迷蒙。

两个儿子都问自己的父亲："山那边有什么?"一个父亲回答说："孩子啊，你不是都看见了吗？山的那边还是山呀!"孩子一听，神情顿时沮丧起来，眼里满是迷茫和畏怯。另一个父亲回答说："孩子啊，山那边你看不到的地方就是大海，广阔无垠的、蓝蓝的大海。等你长大了，翻过了这些山，你就会看到了!"孩子一听，顿时跃跃欲试，眼里满是渴望和信心。

30 年后，第二个孩子已是享誉海内外的著名学者，而第一个孩子呢，还在一个工厂里当清洁工。

"山那边有什么?"一个充满希望的问题，而两个不同的回答，却造就了两种截然不同的人生！

当我们在人生的山路上前行的时候，到了一个山顶，不要忘了，连绵不断的山那边，还有大海，在向我们招手！

读了此故事，你有何感想？谈谈你在个性品质塑造上有哪些成功的经验和困扰。

推荐书籍

［美］伯格．人格心理学．北京：中国轻工业出版社，2010.

推荐理由：该书围绕精神分析理论、特质理论、生物学流派、行为主义、人本主义和认知理论等六种人格理论流派，对有关人格的理论进行了全面而系统的介绍。行文流畅、通俗易懂，融入了丰富的生活案例，并穿插了一些新闻报道和相关自测题，可以帮助读者检验自己或他人的人格特征。

第四章　精彩人生在于策划
——大学生职业生涯规划

职业是唯一能使个人的特异才能和他的社会服务取得平衡的事情。天下最可悲的事，莫过于一个人不能发现一生的真正事业，或未能发现他已随波逐流或为环境所迫陷入了不合志趣的职业。

——杜威

心灵成长

一、校园故事

陈峰是一名大一新生，大学入学已经两个月了，最初的新奇与彷徨渐渐远去，现在开始了每天上课下课自习的单调日子，觉得大学生活很灰色。因为没什么兴趣爱好，每天除了学习还是学习，但在大学里考 90 分和 60 分没有什么太大区别，所以学习也没什么动力。偶尔想起未来的发展，他有些迷茫和焦虑，可又觉得那应该是大四时考虑的事情。

一开学，林芸进入大学二年级了，也就成了校园里的老生，天天都很忙，上课、听讲座、参加社团活动、和同学逛街……，但她又不知道自己在忙些什么。有时觉得很累，可想到要为毕业后的工作打个基础，就觉得这些付出也许是值得的吧。有时又很茫然，甚至有点沮丧，不知道这样的付出对未来的发展有没有作用。

孙倩是大学三年级的学生。刚进入大学的时候，她对自己四年后的目标就很明确——考公务员。这主要来自父母的意见："在大学扩招的背景下，大学毕业生每年以几十万的速度增长，不考公务员，怎么能找到好工作？"孙倩开始还挺认同，但随着大学生活的深入，她参加了很多社会活动，乐在其中并小有成绩。孙倩开始觉得考公务员并不是她所喜欢的，她并不是一个墨守成规、按部就班的人，相反通过各种实践活动，她认为自己更喜欢做与人打交道，更喜欢有挑战性的工作。再说，每年考公务员的人那么多，自己就一定能考上吗？可是，对于毕业后能否找到一份理想的工作，孙倩很怀疑。所以，虽然很痛苦，但她依然每天复习准备考公务员。

蔡伟已经大四了，他是一个开朗外向的男孩，学的是会计学专业，因成绩优异、综合表现出色而被保送本专业的研究生。同学们都很羡慕他，觉得蔡伟将来一定会有一个很好的职业前途。可蔡伟自己却很苦恼，他不喜欢自己的专业，很想转行但又不知道自己适合做什么。蔡伟的职业方向究竟在哪里呢？

以上几位同学的经历你是否很熟悉，在大学生中，有人对自己的未来想得很清楚，一步一个脚印地往前走。但是，更多的同学对未来没有想法，希望自己在大四时再解决所有问题。对于我国大学业生而言，职业生涯似乎是比较遥远的事情。在美国，学生在上高中时就要请专家给他们做职业兴趣分析。十几岁的年龄职业兴趣并没有定型，但根据各类职业实践活动所表现出来的个性特征进行有效引导，从而达到以兴趣定职业的目的。相比之下，我国高中生在对个人兴趣爱好还懵懵懂懂时就被分为文科生和理科生。填报志愿选专业时，即使父母和考生本人考虑自身兴趣和能力倾向，但其判断往往缺乏专业性。进入大学之后，对于自己的未来，许多的学生也是一片茫然。虽然我们常常听到“机遇只垂青有准备的头脑”这样的言论，但我们到底需要做怎样的准备？我们在大学阶段如何进行职业生涯规划呢？

二、常见的职业生涯规划误区

1. 只有一个最适合的职业。一些人总认为一个人只有一个职业最适合自己。他们总是要找到世界上最适合自己的那个职业，而总觉得现在这个职业不适合自己。这实际上是不合理的想法。其实，人们都具有多方面的能力，能够做许多事情，可以适应多种职业的要求。人的这种特性被称为职业选择中的弹性。有些人弹性大，适应面很广；而有些人弹性较小，适应面较窄。

2. 选择之后不能回头。一些人在作选择时压力很大，抱着“这个选择将决定我的终生”的想法，所以迟迟不敢作决定。选择之后就真的不能回头吗？不是的。选择是有弹性的，我们往往有多条通往罗马的大道，如果某条道路行不通，可以走其他的道路。实际上，许多人在职业发展的过程中都经历了多次的选择。何况随着自身以及环境的变化，许多旧的选择可能无法实现，这时候必须回头来重新进行选择。

3. 船到桥头自然直。一些人认为，不知道自己的兴趣又何妨，船到桥头自然直，现在没什么好担心的。这些人并没有充分认识到兴趣对个人发展的意义。如果一个人能及早地探索自我，了解自己的特长和兴趣，就能在生涯发展中及早开发自我的潜能，并为自己的特长和潜能找到适当的位置，使之得到最有效的发挥，也使个人获得最大的满足。及早发现自己的兴趣，还可以避免择业中的盲目或者错误的决定。

有些人还认为，我现在不知道自己的兴趣，所以不作决定，也许将来会作出更好的决定。这是一种逃避决定的做法，也是不可取的。人们不是天生就会选择的。一个成熟而恰当的决定需要智慧，而智慧是靠生活经验的累积得来的，其中可能包括无数次的尝试与错误。若是对于作决定，总是逃避，没有尝试着从过程中去更了解自己与环境，是永远不可能作好一个决定的。

4. 计划赶不上变化，所以无须计划。有人认为这个世界变得太快了，“计划未来”没有意义也不大可能。其实，我们计划未来并不意味着要分分秒秒掌握未来，不是要把未来所有事情都确定下来。实际上，那的确是不可能的。个体与社会都在不断地变化，计划的目的在于掌握二者变化的规律，把握个体在不同的时间、不同的状况下如何满足自己的需求。诚然，再周密的规划也抵挡不住茫然不可知的未来，但若没有事先的规划，我们更易在变化中迷失方向，或者盲从，或者失措，自我得不到满足与实现。计划也是可以变化的，若因故没有照着既定的规划去做，也无须惊慌，因为这并不意味着计划的失败，只是需要对计划进行调整，或者做一个新的计划去适应变化。

5. 人必须百分之百地控制自己的生涯方向。许多同学面对问题，迟迟无法作出决定是因为他要求能完全控制未来。如果不能百分之百地控制未来的话，他便觉得不够安全，于是不愿意作出决定。而且往往希望最好能透视未来，希望有个绝对权威告诉自己所作的决定是错是对。面对不可知的未来而产生不安全感和焦虑是完全可以理解的，但是若以为只有百分之百控制未来才是安全的，那是一个大错误，是害怕挫折的表现。任何人都无法百分之百地控制未来。生活总是有冒险的成分，正是这种冒险的成分使生活更富变化，更为精彩。我们要努力追求的是尽可能地探索自我和外在环境，使自己在面临新环境时，有一定的准备，而不至于因为环境的改变而不知所措。

心理视点

一、职业生涯的基本概念

青春题材电视剧《奋斗》中有这样一段剧情：毕业之际，同学们和李老师告别，集体大喊："李老师，请留步。我们舍不得您，非常非常舍不得您，但是我们必须告诉您，我们必须离开您，我们必须去工作，去奋斗，这件事十万火急，我们一天也不能等，请您接受我们离开前最后的问候。"以上这段大学生的内心剖白之所以成为经典，正是因为它喊出了当代大学生的心声，从中也能够感受到当代大学生对于充满了挑战的职业世界和职业人生的热切渴望，以及这种渴望背后的激情与理想。

职业生涯指一个人一生中所有与工作职业相联系的行为和活动，以及相关的态度、价值观、愿望等连续性经历的过程。这整个历程可以是间断的，也可以是连续的。它包含工作、职位、职业等外职业生涯和工作态度、体验等内职业生涯。要深刻理解职业生涯的含义，就需要了解舒伯的生涯发展论所依赖的整合性观念，主要包括以下三个要点：

第一，人是有差异的。人的才能、兴趣和人格各不相同，基于这种特性上的差异，人们各自适应于若干种职业。尽管各种职业均具有对人的才能、兴趣和人格要求的一套特定模式，但是职业与人都有一定的改变余地。所以职业生涯模式的不同性质，是由不同的家庭地位与经济状况、个人智力水平与人格特征，以及个人的机遇综合决定的。

第二，职业选择与适应是一个连续过程。人们对职业的偏爱和所具资格、人们的生活与工作情境，以及人们的自我概念，都会随时间和经验而改变，这使得职业的选择与适应成为一种连续的过程。

第三，职业发展过程具有可塑性。首先，职业性发展的过程，从根本上说是一种完成自我概念的过程，这种自我概念的建立过程，也是一种折中调和的过程。自我是个人自身条件与外界各种条件、各种反响相互作用的产物。其次，个人与社会、自我概念与现实之间的折中调和，是人们把自身放入社会的职业角色的过程。再次，一个人工作的满意程度，视个人的才能、兴趣、人格和价值观能否找到对应的职业领域。最后，职业性发展的各个阶段可以通过指导而加以改善。这里既包括培养人的职业才能与职业兴趣，使人达到成熟，也包括帮助人在职业选择上试行选择和帮助人的自我概念的发展。

舒伯以这一整合性观念为指导，在理论上发展了生涯发展阶段理论和生涯层面理论。舒伯的生涯发展理论将生涯的过程视为从出生到死亡，包括成长期(0～14 岁)、探索期(15～24 岁)、建立期(25～44 岁)、维持期(45～65 岁)和衰退期(65 岁以上)，如图 4-1 所示。大学生的生涯发展阶段属于探索期。这个阶段主要的生涯发展任务是从多种机会中探索自我，逐渐确定职业偏好，并在所选定的领域中开始起步。

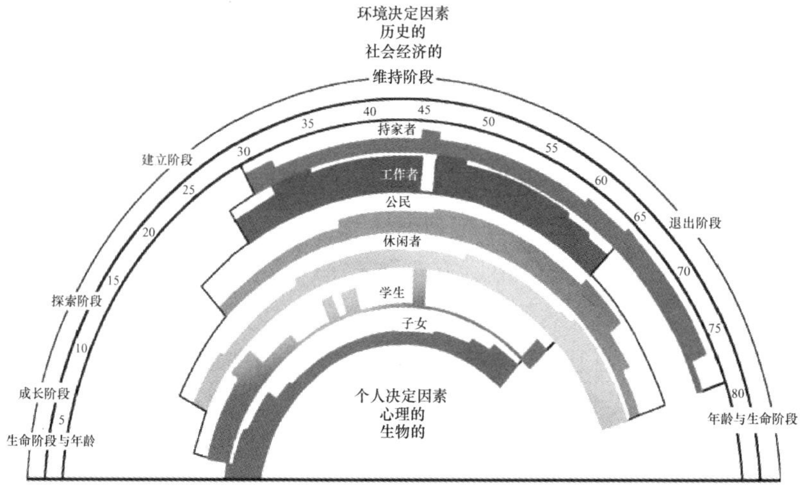

图 4-1　舒伯的“生涯彩虹图”

从舒伯生涯层面理论的“生涯彩虹图”中，我们可以看到生涯规划立体化了。从长度上，它包括了一个人从生到死的全部生命历程；从空间上，并不局限于对职业角色的关注，同样重视非职业角色对一个人生涯的影响。在舒伯的理论中，生涯规划更注重职业对人的意义。该理论认为，一个完美的人生，未必仅仅依赖于职业角色的完美与否，更多的非职业角色使人生有更多自我实现的可能性。

二、职业生涯规划的意义

职业生涯规划指个人对自己的职业选择与发展进行设计、执行、评估、反馈和修正的过程。职业生涯规划是一个人从青春期到退休期，对理念、工作、生活、家庭及社会等目标所作的妥善安排与计划，用以追求自身理想人生的过程。

作为一名大学生，应妥善规划前程，包括：我的未来做什么？我的人生方向与目标为何？我的理想与抱负是什么？一般来说，职业生涯规划都要涵盖“安身”和“立命”两个部分，其中“安身”的重点在于生计和职业，而“立命”的重点则是前程和事业，所以生涯不等于工作，职业生涯规划也不等于找工作。职业（生涯）规划是一个动态的过程，规划的功能在于为生涯设定目标，并找出达成目标所需采取的步骤。

心理解码

心理小实验:有几个五角星

用 PPT 呈现图 4-2 所示的心理实验图片 5 秒,换为空白图片。询问同学们:图中有几个五角星?看看有多少人答对,反应速度如何。

用 PPT 再次呈现该图片 5 秒,换为空白图片。再次询问同学们:图中有几个五角星?再看看有多少人答对,反应速度如何,与前一次对比。

图 4-2 心理实验图片

在心理学中,有个名词叫"选择性注意"。所谓选择性注意,就是人们在同时存在的两种或两种以上的刺激信息中,选择一种进行注意,而忽略其他的刺激信息。所以,当没有人提示要注意五角星信息时,它被忽略了,因为它不是一个目标。但当五角星成为目标时,我们就会特别关注五角星的数量。

(一)聚焦目标,提高效率

从前面的"选择性注意"心理实验中,同学们一定已经有了深刻的体会:目标决定了心智活动的效率。五角星就在那里,可当我们没把五角星作为关注的目标时,我们的识别效率就会很低。其实,生涯目标也一样,有了目标,学习工作的效率就会大幅度提高,因为感官会过滤掉与此无关的耗费注意资源的东西,而当注意力能够聚焦于自身的生涯目标时,身边所有的资源也就会源源不断地涌向你,为你所用。如果说注意力是一种心理能量的话,很明显,生涯目标帮助我们聚焦了这种能量,会使我们成功的可能性大大地增加。此外,目标还可以为人生带来希望和意义,奥地利心理学家维克多·弗兰克凭借生命的意义成为奥斯维辛集中营中少有的幸存者之一,并开创了心理治疗中的"意义疗法"。他说:"你不要去问生命,你应该要回答生命对你的质询。"在生涯规划中,目标的制定是一个探索过程,这个过程帮助一个人逐渐去理清生命的价值与意义,并用行动去实现它,好像为飘忽不定的人生加了一个锚,无论风雨来自何方,人生之船都自有它的方向。

(二)突破障碍、开发潜能和自我实现

米歇尔罗兹(Michelozzi,1998)指出:生涯规划有突破障碍、开发潜能和自我实现三个积极目的,见图 4-3。一个人最大的幸福,是能以自己选择的方式生活,择其所爱,爱其所择的结果,会使一个人以己为荣,并呈现出圆融、丰足、喜悦、智慧和充满创造力的气质。

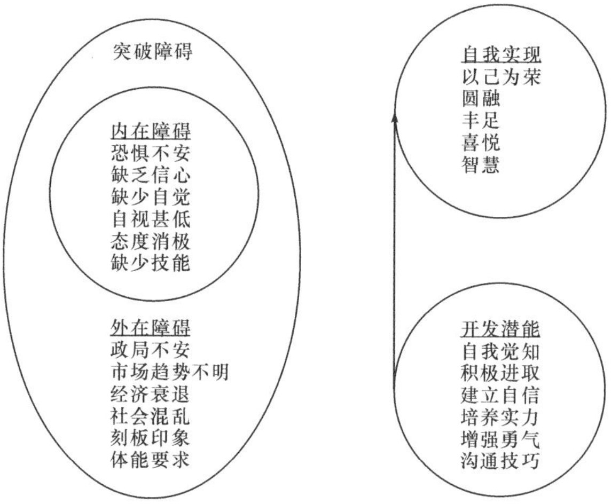

图 4-3　生涯规划的三个积极目的

在生涯发展过程中,很多学生对追求理想的工作或人生目标充满疑虑,还有的学生甚至不敢去想象或者设立理想目标,因为觉得那是不可实现的。阻碍学生插上理想的翅膀、迈出勇敢脚步的原因通常来自如图 4-3 中所示的内在障碍和外在障碍。

内在障碍通常是由一个人对自己的不了解、低评价、不自信或者无安全感造成的。例如,有的学生很难看到自己的长处,总用自己的短处与别人的优势比,内心从未觉得自己有可用或者特别之处。所以,在找工作时,缺乏信心,总感觉自己这也不好,那也不够,还没有做好踏入社会的准备,从而影响自己找好工作的信心,影响自己在面试等环节中的表现。这是典型的不

能真正了解和接纳自己，从而导致自我低评价对找工作产生影响的情况。

外在障碍则来自一个人所处的环境，通常与政局变动、市场难以预测、经济衰退和社会秩序混乱等有关。一个没有生涯目标的人，很容易受外界因素的影响。例如：两个大学生有着同样普通的家庭背景，毕业时找到的工作也都不理想。客观上大学扩招之后的就业竞争加剧的确多少影响了他们找工作，但对有自己生涯目标的学生而言，因为未来充满希望，所以更容易积极地面对并不理想的工作，努力从工作中获得和培养自己实现目标所需要的能力和资源，把这当作迈向理想目标的第一步。而另一个没有任何生涯目标的学生，可能更容易抱怨社会、哀叹自己生不逢时，没有早几年出生，没赶上“大学生是天之骄子”的年代……因为看不到希望，很难从内在积极应对困境，将找不到好工作进行外在归因，更觉得自身没有能力。所以，两位大学生在刚毕业时，他们的人生起跑线是相同的，却可能因为生涯目标的不确定导致人生希望的不同：一个充满力量，能克服困难、积极进取；另一个感觉被环境左右，怨天尤人，随波逐流。尼采说：“懂得为何而活的人，几乎任何痛苦都可以忍受。”生涯规划可以帮助人们设立目标、带来希望，从而突破发展中的内外障碍，最终实现幸福人生。

从某种意义上说，个人职业生涯规划是个人以一种积极开放的心态，朝着心中所想的愿景，采取行动，不断探索、选择及平衡，从而获得价值、意义与幸福的旅程。

三、职业生涯规划的实施

（一）职业生涯规划的方法

职业生涯发展是一个漫长而曲折的过程，人们在其中常常会面临无数次选择，尤其在选择人生中第一份职业或重新定位自己的职业等生涯发展的几个关键点上，所作出的决策正确与否将决定人们今后职业发展的方向，并影响获得生涯成功的可能性大小。因此，职业生涯抉择是职业生涯规划的关键环节。当人面临职业生涯中每一次抉择时拥有成熟的决策态度，具备较强的决策能力，并采取适当的决策方式，那就更有可能形成清晰的职业目标，进行有效的职业规划，作出明智的职业选择，也更有助于获得与自身特点、需求更匹配的工作，进入与自身价值观更为相符的组织，对职业的满意感更高，离职倾向更小。

1. 五“What”归零思考法。许多职业咨询机构和心理学专家进行职业咨询和职业规划时常常采用的一种方法就是有关五个“What”的归零思考的

模式:从自己是谁开始,然后顺着一路问下去,共有五个问题:

What are you?

What do you want?

What can you do?

What can support you?

What you can be in the end?

对于第一个问题“我是谁?”,我们应该对自己进行一次深刻的反思,有一个比较清醒的认识,优点和缺点,都应该一一列出来。

第二个问题“我想干什么?”是对自己职业发展的一个心理趋向的检查。每个人在不同阶段的兴趣和目标并不完全一致,有时甚至是完全对立的。但随着年龄和经历的增长而逐渐固定,并最终锁定自己的终生理想。

第三个问题“我能干什么?”则是对自己能力与潜力的全面总结。一个人职业的定位最根本的还要归结于他的能力,而他职业发展空间的大小则取决于自己的潜力。对于一个人潜力的了解应该从几个方面着手去认识,如对事的兴趣、做事的韧劲、临事的判断力以及知识结构是否全面、是否及时更新等。

第四个问题“环境支持我干什么?”中提到的环境支持包括客观和主观两个方面。客观方面的环境支持包括本地的各种状态比如经济发展、人事政策、企业制度、职业空间等;主观方面的环境支持包括同事关系、领导态度、亲戚关系等。两方面的因素应该综合起来看。有时我们在作职业选择时常常忽视主观方面的东西,没有将一切有利于自己发展的因素调动起来,从而影响了自己的职业切入点。

明晰了前面四个问题,就会从各个问题中找到对实现有关职业目标有利和不利的条件,列出不利条件最少的、自己想做而且又能够做的职业目标,那么第五个问题“自己最终的职业目标是什么?”自然也就有了一个清楚明了的框架。

2. SWOT 分析法。SWOT 分析法是一种能够较客观而准确地分析自我的方法。该方法最早是哈佛商学院的 K. J. 安德鲁斯教授于 1971 年在其《公司战略概念》一书中提出。SWOT 四个英文字母分别代表 Strength(优势)、Weakness(劣势)、Opportunity(机会)、Threat(威胁)。SWOT 分析是检查个人的技能、能力、职业、喜好和职业机会的有用工具,利用这种方法可以找出对自己有利的、值得发扬的优势和机会以及对自己不利的、要避开的劣势和威胁,发现存在的问题,找出解决办法,从而明确以后的发展方向。通过 SWOT 分析法,可以帮助大学生进行自我分析,找准职业定位,做到科学规划职业生涯。

SWOT 分析主要是用来分析组织内部的优势与劣势以及外部环境的机会与威胁的方法，其中 SWOT 矩阵提供了四种可供选择的战略，见表 4-1 所示。

表 4-1　SWOT 矩阵

内部因素 / 环境因素	优势(S)	劣势(W)
机会(O)	SO(极大—极大战略) 尽可能地增加内部优势，并利用外界机会	WO(极小—极大战略) 尽可能地减少劣势，并最大限度地增加机会
威胁(T)	ST(极大—极小战略) 最大限度地增加优势，并尽可能地减少威胁	WT(极小—极小战略) 尽可能地减少劣势和威胁

如表 4-1 所示，SWOT 矩阵提供了四种发展战略以备选择，即 SO 战略、ST 战略、WO 战略和 WT 战略：

SO 战略(优势机会战略)是最理想的战略，既抓住了外部机会，又利用了自身内部的优势。面对自身的劣势要努力克服，面对外部的威胁要泰然处之，以便能够将精力集中在机会上。

ST 战略(优势威胁战略)是利用扩大自身的优势来减少外部带来威胁的可能性。根据自身优势，合理安排资源，以对付外部环境所带来的威胁，目的是将组织优势扩大到最大限度，把威胁减少到最低限度。

WO 战略(劣势机会战略)是一种内外取向兼顾的战略，该战略力图使自身的劣势降到最低，同时使外部的环境机会增加到最大，克服自身的弱点以寻求发展的机会。

WT 战略(劣势威胁战略)是一种应付危机及威胁的战略，通过制订调整计划来克服内在劣势，同时回避外在的威胁。

一般来说，毕业生在进行 SWOT 分析时，应遵循以下四个步骤：

第一，评估自身的优势与劣势。每个人都有自己独特的天赋、技能和能力。在分工日趋细化的职业背景下，一个人不可能样样都精通。设计一份表格列出自己喜欢做的事情以及你的优势。同样，在这份表格中，你可以列出不喜欢做的事情和自己的劣势。找出你的劣势与发现你的优势同等重要，因为你可以基于自己的优势和劣势作两种选择：一是努力去改正你常犯的错误，提高你的技能；二是放弃那些你不擅长的、技能要求很高的职业。

第二，找出职业机会和威胁。不同的行业(包括这些行业里不同的公司)都会面临不同的外部机会和威胁，所以，找出这些外界因素将有助于你成功地找到一份适合自己的工作，因为这些机会和威胁会影响你的第一份工作和今后的职业发展。如果公司处于一个常受到外界不利因素影响的行业里，很自然，这个公司能提供的职业机会将会很少，而且职业升迁也将变得非常困难。相反地，充满了许多积极外界因素的行业将为求职者提供广阔的职业前景。请列出你感兴趣的 两个行业（比如说保健、金融服务或者电信），然后认真地评估这些行业所面临的机会和威胁。

第三，列出今后5年内的职业目标。仔细对自己作一个SWOT评估，列出你从学校毕业后5年内最想实现的4～5个职业目标。这些目标可以包括：你想从事哪一种职业，你将管理多少人，或者你希望自己拿到的薪水属哪一级别。请时刻记住：你必须竭尽所能地发挥出自己的优势，使之与行业提供的工作机会完美匹配。

第四，列出一份今后5年的职业行动计划。这一步主要涉及一些具体的东西。请你拟出一份实现上述第三步列出的每一目标的行动计划，并且详细地说明为了实现每一目标，你要做的每一件事，何时完成这些事。如果你觉得你需要一些外界帮助，请说明你需要何种帮助和你如何获取这种帮助。

案例 4-1

个体职业决策过程的SWOT分析结果

表 4-2　个体职业决策 SWOT 分析举例

外部环境分析（O. I.） 内部环境分析（S. W.）	机会（Opportunity）	威胁（Threat）
	（1）人力资源管理部门逐渐受到企业的重视 （2）入世后，外资企业的进入导致人力资源管理人才需求量的增大 （3）心理学在人力资源管理中的重要性逐渐凸显出来	（1）人力资源管理方向的毕业生 （2）MBA 的兴起 （3）人力资源管理在很多企业中仍然处于刚起步阶段，其运作很不规范 （4）比起学历，我国许多企业更看重工作经验
	优势机会策略（S. O.）	优势威胁策略（S. T.）
优势（Strength） （1）硕士学历，成绩优秀 （2）丰富的学生干部管理经历 （3）大型公司半年实习的经历 （4）具有心理学的知识背景	（1）继续学习心理学知识，将心理学知识运用到人力资源管理中 （2）发挥担任学生干部的管理特长	（1）强调自身心理学背景的优势 （2）强调大型公司半年的实习经验 （3）强调较强的学习能力和适应力

续表

	劣势机会策略(W.O.)	劣势威胁策略(W.T.)
劣势(Weakness) (1)师范院校毕业 (2)没有丰富的工作阅历 (3)专业不对口 (4)性格急躁,容易冲动	(1)利用较强的学习能力,自学人力资源管理课程,加强英语的学习 (2)继续加强自己在师范院校中所培养的口语交流、文字书写等优势	(1)训练克制自己的冲动个性 (2)结合两个不同的专业,培养宽阔的视野和创新能力 (3)积极寻找重视员工潜能的企业
分析后之整体结论:职业发展道路定位在大中型外资企业的人力资源管理部门		

3. 平衡单分析法。职业生涯规划者写出未来有意向的具体职业类型,将职业决策的思考集中在四个项目上:个人物质方面的得失、他人物质方面的得失、个人精神方面的得失、他人精神方面的得失,依据主观感受针对不同的职业类型回答其在每个项目上的得失的分数,比较每一种职业类型的综合得分并据此作出职业决定,此决定就是用平衡单分析所作出的效用最大化的生涯决策(见表 4-3)。

表 4-3　生涯决策平衡单样表

选择项目 加权分数 / 考虑因素		重要性的权数(1~5倍)	职业选择一 +		职业选择二 +		职业选择三 +	
个人物质方面的得失	1. 收入							
	2. 工作的难易程度							
	3. 升迁的机会							
	4. 工作环境的安全							
	5. 休闲时间							
	6. 生活变化							
	7. 对健康的影响							
	8. 就业机会							
	其他……							
他人物质方面的得失	1. 家庭经济							
	2. 家庭地位							
	3. 与家人相处的时间							
	其他……							

续表

选择项目 考虑因素 \ 加权分数		重要性的权数（1～5倍）	职业选择一		职业选择二		职业选择三	
			+		+		+	
个人精神方面的得失	1.生活方式的改变							
	2.成就感							
	3.自我实现的程度							
	4.兴趣的满足							
	5.挑战性							
	6.社会声望的提高							
	其他……							
他人精神方面的得失	1.父母							
	2.师长							
	3.配偶							
	其他……							
加权后合计								
加权后得失差数								

案例 4-2

小敏的生涯决策平衡单

基本情况：小敏，女，某大学教育技术学专业的三年级学生，性格外向，开朗活泼，喜欢与人交往，口头表达能力很强，是学院学生会干部，组织能力强。还有一年就要毕业了，她考虑自己的职业有三个发展方向：中学信息技术教师、市场销售总监、考取计算机专业硕士研究生。以下是她的具体想法：

一是中学信息技术教师。小敏认为这个职业是她的本专业，工作也比较稳定，但目前社会需求量并不大。

二是市场销售总监。小敏希望用10年的时间能实现这个目标，认为这个职业符合自己的性格、兴趣的需要，同时她也有利用暑期和课余时间兼职做过一些销售的经历，她认为可以利用自己的专业来帮助自己更好地辅助销售工作。

三是考取计算机专业硕士研究生。小敏的父母都是高校的老师，他们希望小敏能够继续深造，以后到大学任计算机专业教师。但小敏认为虽然高校教师工作稳定，收入也高，但她不喜欢计算机专业的教学工作，且考研也有一定的困难。

下面是小敏利用生涯决策平衡单作出的职业决策的结果(见表 4-4)。

表 4-4　小敏的生涯决策平衡单

选择项目 / 加权分数 / 考虑因素		重要性的权数(1～5 倍)	中学教师		销售总监		考研	
			+		+		+	
个人物质方面的得失	1. 符合自己的理想生活方式	5		3	9			5
	2. 适合自己的处境	4	8		9		7	
	3. 有较高的社会地位	3	5			3	9	
	4. 工作比较稳定	5	9			9	9	
	5.							
他人物质方面的得失	1. 优厚的经济报酬	4	5		8		9	
	2. 足够的社会资源	5	8		7		9	
	3.							
	4.							
	5.							
个人精神方面的得失	1. 适合自己的能力	4	8		9		7	
	2. 适合自己的兴趣	5	5		9			8
	3. 适合自己的价值观	5	6		8		5	
	4. 适合自己的个性	4	7		9		6	
	5. 未来发展空间	5		3	8		9	
	6. 就业机会	4	3		8		9	
	7.							
他人精神方面的得失	1. 符合家人的期望	2	6		5		9	
	2. 与家人相处的时间	3	7		4		9	
	3.							
	4.							
	5.							
加权后合计			312	−30	399	−54	384	−65
加权后得失差数			282		345		319	

通过生涯决策平衡单的填制，小敏的决策方案的得分分别是：市场销售总监＞考研（高校计算机专业教师）＞中学信息技术教师，综合平衡之后，市场销售总监成为符合小敏的职业生涯目标。在进行职业选择时，小敏最为看重的职业因素是：是否符合自己的兴趣、职业价值观、职业是否有发展空间、是否是自己的理想生活的需要等几个方面。

（二）职业生涯规划的步骤

关于职业生涯规划的步骤有很多种划分方式，但万变不离其宗，都要包含几个最基本的环节，即探索、抉择、行动和调整。这里我们将职业生涯规划的步骤归为六步：觉知与承诺、认识自己、认识工作世界、决策、行动与再评估。

1. 觉知与承诺。诗人海涅说："思想总是在行动之前，就像闪电总走在雷鸣前一样。"每个做规划的人，首先要对自己的职业生涯有个合理的预期。在这个阶段，你已经觉悟到生涯规划的重要性，并愿意花时间来规划自己的生涯，但也要了解：有时我们所播下的种子，未必能马上发芽。因此，在为自己制定职业发展规划的时候，需要弄明白这样一个问题："自己到底想过一种什么样的生活？"即个人生涯愿景的描绘。生涯愿景是个人发自内心的、一生最热切渴望达成的结果，它是一种期望的未来或意象。

美国职业咨询专家巴特勒博士说："很多学生在就业时会走入误区，他们选择了最容易得到的或是薪水最高的工作，但在一段时间以后，他们并没有获得成功，因为真正成功者的状态必然是职业与自身的个性、价值观等个人特点完美契合的状态。大家要意识到最重要的不是追求一份流行的工作，而是要找到自己想要的、喜爱的工作。"

心理解码

生涯规划觉知小测验

测验共有10个项目，如果项目所描述的情况与实际情况相符，就请在其后的括号内填"是"，如果不相符，就请在后面的括号内填上"否"。

◆ 我常常想到自己的未来要干些什么。（　　）

◆ 我知道自己想要从工作中得到什么。（　　）

◆ 我知道自己的人生目标在哪里。(　　)

◆ 我了解自己的性格适合做哪些工作。(　　)

◆ 我知道如何实现自己的人生价值。(　　)

◆ 我认为事业是人生所必需的。(　　)

◆ 我一直在朝着自己的目标努力。(　　)

◆ 我认为大学期间应该好好规划自己的人生发展。(　　)

◆ 我了解自己的兴趣和特长。(　　)

◆ 我知道自己距离所喜欢的职业的要求还有哪些差距。(　　)

每个人填“是”的项目越多,则说明对人生事业发展规划的认识越趋于成熟。你还可以在本课程结束时再进行一次这个测验,看看测验的结果是否不同。

2. 认识自己。认识自己就是对自己进行全面的分析,认识和了解自己的特点,对自己进行准确定位的过程。认识自己包括了解自己的价值观、兴趣、气质、性格、专业技能以及各种组织管理、协调活动能力等多方面的内容。人们只有通过分析自己的职业价值观,才能弄清自己究竟要从工作中获得什么;只有通过对自己兴趣、性格、气质和性格的了解,才能找到与之相匹配的工作。因此,认识自己是职业生涯规划的基础,是职业生涯规划成功的前提。认识自己是对自己进行深入的分析和探索,要“左看右看上看下看”,借用人力资源管理领域的话说,就是要“360 度”看自己(见图 4-4)。

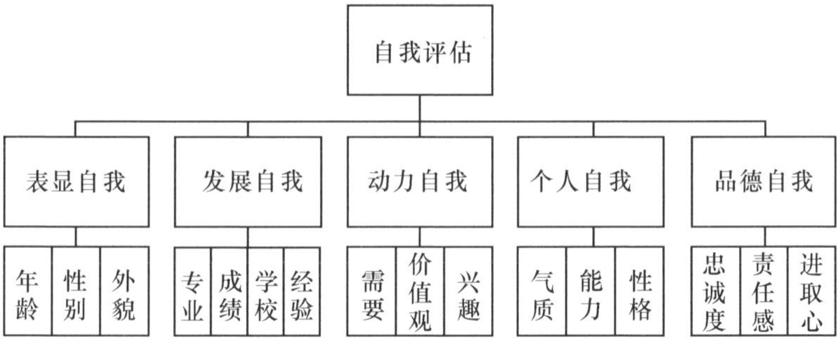

图 4-4　自我的 360 度评估

那么,如何认识自我呢?下面我们就其方法进行简单介绍:

第一,橱窗分析法。认识自我,了解自我,不是一件容易的事情。心理学家曾把对个人的了解比作橱窗,可大可小。为便于了解,通常把橱窗放在一个直角坐标系中加以分析。坐标的横轴正向表示“别人知道”,负向表示

“别人不知道”;纵轴正向表示“自己知道”,负向表示“自己不知道”。坐标橱窗可用图 4-5 表示。

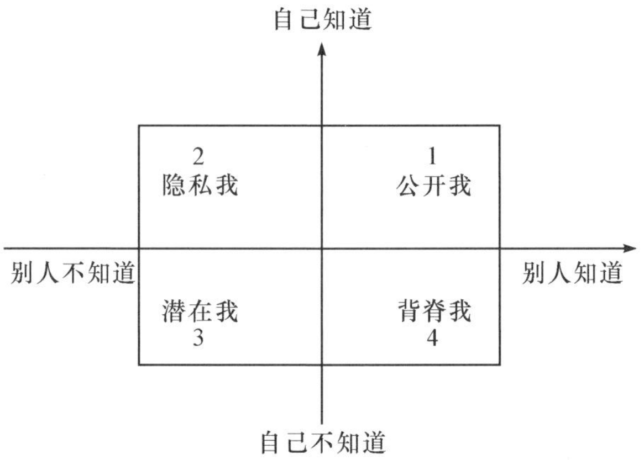

图 4-5 自我橱窗分析坐标

橱窗 1 为“公开我”,属于个人展示在外,无所隐藏的部分。在这个橱窗中包含的是你知道、别人也知道的信息,如你的姓名、工作单位等。

橱窗 2 为“隐私我”,属于个人内在的私有秘密部分。这个橱窗是你的个人世界,你可以不公开这部分生活,也可以告诉别人,让别人更了解你。

橱窗 3 为“潜在我”,是有待进一步开发的部分。

橱窗 4 为“背脊我”,犹如一个人的背部,自己看不到,别人看得很清楚。

通过这四个橱窗我们可知,在进行自我认知时,重点是了解橱窗 3“潜在我”和橱窗 4“背脊我”这两部分:橱窗 3“潜在我”是影响一个人未来发展的重要因素。科学家研究发现,每个人都有巨大的潜能,人类平常只发挥了大脑的极小部分功能,如果一个人能够发挥一半的大脑功能,将轻易地学会 40 种语言,背诵整套百科全书。苏联著名心理学家奥托指出,一个人一生所发挥出来的能力,只占他全部能力的 4%,也就是 96%的能力还未开发。由此可见,认识、了解“潜在我”,是自我认知的重点之一。橱窗 4“背脊我”是准确对自己进行评价的重要方面,如果一个人诚恳地、真心实意地对待他人的意见和看法,就不难了解“背脊我”。要做到这点,需要开阔的胸怀、正确的态度,否则,别人是不会对我们作出真实评价的。

第二,心理测试法。心理测试法是通过回答有关问题来认识自己、了解自己的方法。测试题目是由心理学家们经过精心研究设定的,只要如实回答,能大概了解自己的有关情况。为了最大限度地发挥心理测评的效用,首先应该选用一个较为权威的心理测量工具;其次是在做测验的过程中,一定是按自己的真实想法填答;最后应该选择一个安静没有干扰的环境。在职业生涯规划过程中有关的心理测验主要集中在价值观、兴趣、个性及能力四个方面,更为详细的内容将在本章实验实训的部分展开。

3. 认识工作世界。正确认识自身将要面临的职业环境,评估职业生涯机会与行业制约因素,结合社会发展需要考察职业发展前景与要求是个人进行职业生涯规划的前提条件。如果不了解职业社会就进行职业生涯规划,预定规划就很容易陷入空洞的自我设计当中。了解职业社会还有利于大学生结合社会对人才的素质要求,加强大学阶段的学习自觉性和针对性。

认识工作世界的方法有很多,大致可以归纳为以下三类:静态的资料接触、动态的资料接触、参与真实情境。

静态的资料接触是指阅读一些有关工作世界状况说明的书籍、调查报告、文献、招聘广告等存在于纸质或网络载体的文字材料。不过,由于静态的资料毕竟是二手资料,因此同学们在利用这些资料时,一定要有自己的判断。

动态的资料接触是指通过一些实践活动去获取自己感兴趣职业的信息。动态的资料接触可以使我们获得工作世界的第一手资料,增强自身的体验。生涯人物访谈是大学生获得动态的工作世界资料的主要方法。生涯人物访谈是指找多位从事自己感兴趣工作领域的资深工作者进行面谈。生涯人物访谈可以起到如下作用:一是可以印证通过静态资料接触所搜集职业资讯的可靠性和有效性;二是可更加深入地了解工作者从事该职业的生涯抉择或甘苦经验,以作为审视自身是否投入该项职业的重要参考;三是如果人物访谈的地点是在其工作场所,更可以实际观察其工作情形、工作内容等,以评估自己对该类工作的喜好或适合程度。

参与真实情境是指通过参与到真实的工作情境中去,获取工作世界的信息。与动态的资料接触比较起来,通过参与真实工作情境获得的职业资讯更加深入,在职业体验方面也更加深刻,而且通过参与真实情境还可以培养自己的职业能力,获得工作经验。社会实践、创业是大学生参与真实工作情境最常见的两种途径。

此外,工作信息探索的方法可以根据信息与探索者之间的距离进行系统梳理,具体如图 4-6 所示。

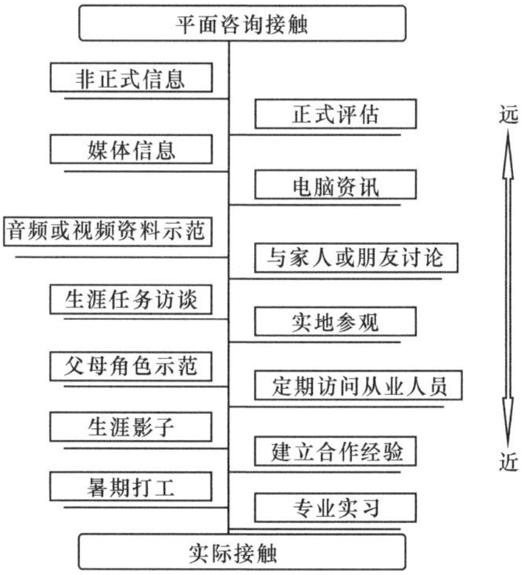

图 4-6　工作信息来源与使用者的距离区分

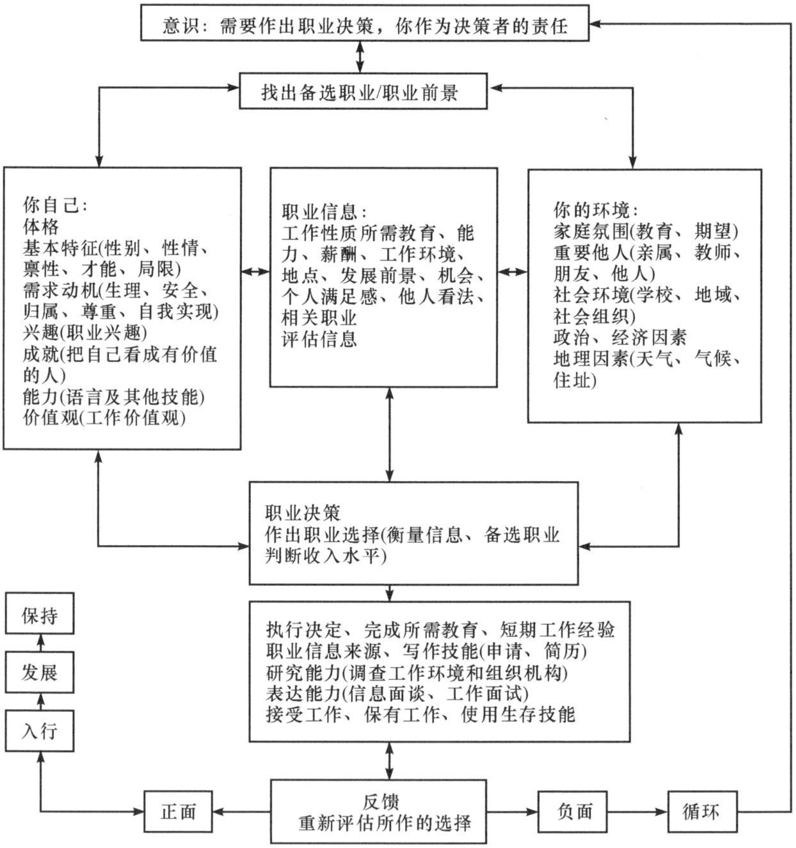

图 4-7　职业决策步骤

4. 职业决策。著名主持人杨澜说过:"决定你是什么的,不是你拥有的能力,而是你的选择。"对职业生涯的规划说到底是一份人生的设计,它的对象是大学生的自我,其实现舞台是现实社会。所谓职业决策就是人们根据自身特点和社会需要作出合理的职业方向的抉择过程,在职业决策过程中,决策者应遵循择业的愿望与效果相统一、个人素质与社会需要相统一、职业稳定与调节相统一的原则来进行,图 4-7 描绘了一个完整的职业决策步骤。具体的职业决策方法可参照前述的 SWOT 分析法和平衡单分析法。

总之,职业决策是一个过程、一种方法、一个策略,也是一种可以学习的技巧。大学生应该学会寻找职业方向,学习必要的方法手段,克服难题,自信地进行职业决策。

5. 制定行动方案并实施。这一步意味着将职业决策和规划付诸实施,包括参加教育学习、积累工作经验、建立人际关系网、获取职业信息、培养职业所要求的素质等。

就大学生而言,如果将大学分成初期、中期和后期阶段,那么,各个阶段的行动任务有所不同。初期阶段主要是一、二年级,主要任务是:全面了解自己所学习的专业,培养对自己专业的兴趣;确立自己未来的发展目标,确定职业生涯规划的定位;制定阶段性目标;若感觉自身根本不适合所学专业,则须找到新的发展方向。

中期阶段是二、三年级,这个阶段的主要任务是:通过努力学习和认真参加各种实践、实习机会,打好从事未来工作的技能基础;全面培养自己的各种能力,为适合社会发展需要做准备;确定毕业后的目标:继续深造或者直接就业。

后期阶段指三、四年级,主要任务是:立志考研的同学,应精心搜集信息,调整好自己的状态,做最后的冲刺;准备就业的同学,应做好搜集信息、制作简历等准备,并学习求职技巧,掌握必要知识,把握机会,落实工作。

一份好的行动计划应该包括:清晰明确的长期目标、替代目标、达到目标的具体资源、行动步骤、一份细致的时间表、一份可能遇到的困难列表、预期障碍的应对策略等。

在行动计划的执行中,特别要强调角色建议或生涯人物访谈的重要性,如向老师打听 4 年开设的所有科目,找高年级的师兄、师姐寻求经验,找毕业了的师兄、师姐获得中肯的发展建议,等等。只有拓宽视野,才能比较准确地把握好自己的各方面特征和职业世界的信息和资源。

6. 评估与反馈。俗话说得好:"计划赶不上变化。"由于社会环境、自身条件的变化以及其他不确定因素的存在，职业生涯的发展实际情况可能与原先制订的职业生涯规划出现偏差。因此，为了确保职业生涯规划的可行性，需要对职业生涯规划进行再评估并作出新的调整，以更好地符合规划本身和社会发展的需要。总的来说，职业生涯规划的评估与反馈是个人对自身的不断认识过程，也是对社会的不断认识过程。经过评估后必须适时修订职业生涯规划，主要包括：职业的重新选择、职业生涯路线的选择、人生目标的修订、成功标准的调整、实施措施与计划的变更等。

实验实训

职业生涯团体训练

（一）职业生涯多方位的自我探索

“一种什么样的职业状态让我们觉得有价值感？”这是职业生涯规划需要回答的一个最基本问题。关于这个问题的回答从不同的角度有不同的答案。从自我与职业匹配的角度看，当我们喜欢这里的工作环境，我们在做自己喜欢的事情，我们有能力把这件事情做好，它的回报又能满足我们的要求时，这是一种最完美的职业状态，也是让我们最有价值感的一种工作状态（见图 4-8）。

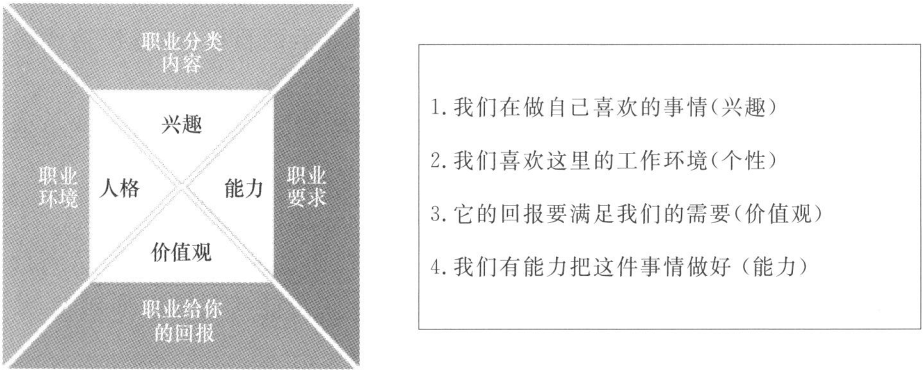

图 4-8　职业生涯自我探索的维度

1. 兴趣的自我探索——兴趣岛测试

恭喜你！你获得了一次免费度假游的机会，有机会去下列六个岛屿中的一个。唯一的要求是你必须在这个岛上待满至少三个月的时间。请不要考虑其他因素，仅凭自己的兴趣挑出你最想前往的岛屿。

R:自然原始的岛屿

岛上的自然生态保持得很好,有各种野生动物。居民以手工见长,自己种植瓜果蔬菜、修缮房屋、打造器物、制作工具,喜欢户外运动。

I:深思冥想的岛屿

有多处天文馆、科技博物馆及图书馆。居民喜好观察学习,崇尚和追求真知。常有机会和来自各地的哲学家、科学家、心理学家等交换心得。

A:美丽浪漫的岛屿

充满了美术馆、音乐厅、街头雕塑和街边艺人,弥漫着浓厚的艺术文化气息。居民保留了传统的舞蹈、音乐与绘画。许多文艺界的朋友都喜欢来这个地方找寻灵感。

C:现代、井然的岛屿

岛上建筑十分现代化,是进步的都市形态,以完善的户政管理、地政管理、金融管理见长。岛民个性冷静保守,处事有条不紊,善于组织规划,细心高效。

E:显赫富庶的岛屿

居民善于企业经营和贸易,能言善道。经济高度发展,处处是高级饭店、俱乐部、高尔夫球场。往来者多是企业家、经理人、政治家、律师等。

S:友善亲切的岛屿

居民个性温和、友善、乐于助人,社区均自成一个密切互动的服务网络,人们重视互助合作,重视教育,关怀他人,充满人文气息。

你最想去的岛屿是哪个呢?

然后,在剩下的5个岛屿中你最想去的是哪个呢?

最后,在剩下的4个岛屿中你最想去的是哪个呢?

依次写下来:1. ________ 2. ________ 3. ________

兴趣岛是一个探索个人职业兴趣的练习,它的理论依据是霍兰德的类型论。下面先简单介绍一下霍兰德类型论。

霍兰德认为职业选择是人格的一种表现,工作兴趣类型即人格类型。大多数人的人格特质可以归纳为六种类型:即现实型(Realistic Type,简称R)、研究型(Investigative Type,简称I)、艺术型(Artistic Type,简称A)、社会型(Social Type,简称S)、企业型(Enterprising Type,简称E)和传统型(Conventional Type,简称C)。每一类人格特质都有它的特征和行为表现,以及相对应的典型职业,如表4-5所示。

表 4-5　霍兰德六种兴趣类型人格的特征

形态	人格倾向	典型职业
现实型(R)	特征:现实型的人具有顺从、谦虚、自然、坚毅、实际、害羞、稳健、有恒心、重视物质的特征 行为表现:喜欢使用性质的职业,如运动、机械、园艺、户外工作;避免社交性质的职业 重视具体的事物或个人明确的特征,如金钱、权力地位等	一般劳动者 农民 机械工 电器修理工 工匠 技术个人
研究型(I)	特征:研究型的人具有分析、谨慎、批评、好奇、独立、聪明、内向、条理、谦逊、理性、保守的特征 行为表现:喜爱研究性的职业,观察、学习、追根究底、分析、评估或解决问题 自觉好学、有自信、拥有数学和科学方面的能力,但缺乏领导方面的才能 重视科学,讲求证据	工程师 化学家 物理学家 数学家 生物学家 地质学家 研究人员
艺术型(A)	特征:艺术型的人具有复杂、想象、冲动、独立、直觉、无秩序、情绪化、理想化、不顺从、有创意、富有表情、不重实际的特征 行为表现:喜爱艺术性质的职业,创新、直觉、不羁 自觉富有表达能力、直觉、独立、具有创意、不顺从,拥有艺术与音乐方面的能力(包括表演、写作、语言、绘画、造型) 重视美感的特质	诗人 作家 音乐家 戏剧导演 演员 室内设计师 画家 造型师 广告创意撰稿人
社会型(S)	特征:社会型的人具有合作、友善、慷慨、助人、仁慈、负责、圆滑、善社交、善解人意、说服他人、理想主义、富洞察力的特征 行为表现:喜爱社会性质的职业,从事与人有关的工作 自觉喜欢帮助别人、了解别人、有教导别人的能力,但缺乏机械与科学的能力 重视社会与伦理的活动与问题	教师 辅导人员 社会工作者 公关人员
企业型(E)	特征:企业型的人具有冒险、野心、独断、冲动、乐观、自信、追求享乐、精力充沛、善于社交、获取注意、知名度高等特征 行为表现:喜爱企业的企划、领导、管理等 重视政治与经济上的成就	推销员 政治家 专业经理 企业主管 民意代表
传统型(C)	特征:传统型的人具有顺从、谨慎、保守、自制、服从、规律、坚毅、实际、稳重、有效率、缺乏想象力等特征 行为表现:喜爱事务性的职业,与数字和资料为伍,接受上司指示行事,擅长处理细节性事务 自觉喜欢顺从、规律的工作,有文书与数字能力 重视商业与经济上的成就	秘书 出纳 会计员 银行职员 行政助理 税务人员

霍兰德进一步指出,大多数人并非只有一种性向,而可能同时包含数种

不同的性向；性向与性向之间也非完全独立，而是分为兼容、中性、相斥三种情况。为了更好地描述这一情况，霍兰德设计了一个六边形。如果一个人身上的两种职业性向是相互排斥的，如研究型和企业型，那么他在选择职业的时候就会比较犹豫彷徨；而如果一个人身上的两种或几种职业性向相近或兼容，如一个艺术型、社会型的人，那么他选择职业时相对就比较容易和迅速。

六边形关系如图 4-9 所示。

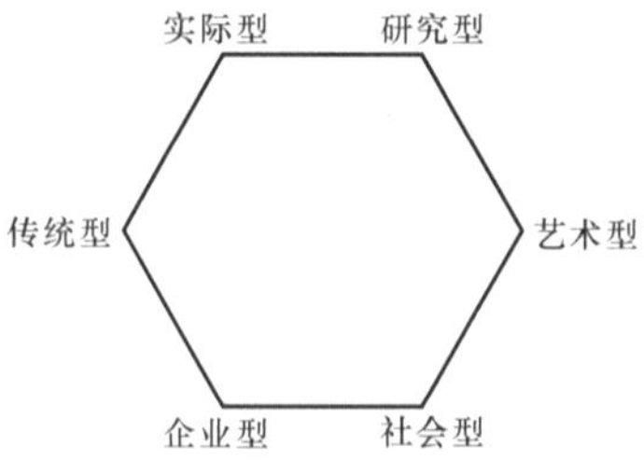

图 4-9　霍兰德兴趣类型六边形

这六种人格类型中，邻近的两种人格类型有类似的特质，例如，社会型和艺术型的人都对感觉有兴趣，现实型和研究型的人都对事物有兴趣。所以，距离越接近的人格类型，彼此间的相似程度越大。反之，在对角线两端的人，则有相反的性格。如现实型的人喜欢动手做事，社会型的人则偏好用嘴讨论。

注意：人格类型没有高下之分，也没有好与坏，每一种类型都有优缺点。如果我们把自己放在和自己人格类型相合的环境中，将如鱼得水，可以发挥所长；但如果放在相反的环境中，则不易发挥，有如龙困浅滩。

2. 价值观的自我探索——工作价值观拍卖会

目的：协助学生澄清个人的工作价值观

准备：在下面清单中，列有 16 个与工作有关的价值项目。请同学自己安排这些工作价值在自己心目中的优先地位，1 表示最重视，16 表示最不重视，填在表 4-6 中的第一栏内。假设你有 10 万元（以生命单位计算，代表一生中可以投注于工作的所有时间与精力的总和），对于各个工作价值项目，你愿意投资多少？也就是，你愿意出价多少？请将自己预估的数据填在表 4-6 中第二栏内。

步骤 1：讲清拍卖规则

（1）每位同学都有价值 1 万元的代币 10 张，共 10 万元。

(2)竞拍中被拍卖物的出现顺序是随机的,不是按照之前的展示顺序。

(3)拍卖中,每件物品的底价都是1万元,每次竞价增加1万元。

(4)在拍卖中,当拍卖师喊"开始"的时候才可以竞拍,竞拍者举手表示参与拍卖,提前抢拍将失去本次的竞拍资格。

(5)拍卖中,最先出到最高价者在拍卖师询问过3次无人竞争后拍得该物品。

(6)已经买得的商品,不可反悔。

表4-6　工作价值观

工作价值项目	排序	预估价	成交价	得标人
1. 能够让自己的才能充分发展				
2. 工作具有一定的挑战性				
3. 就业机会多				
4. 公司有良好的发展前途				
5. 自己对从事的职业很感兴趣				
6. 实现自己的理想				
7. 能为社会作贡献				
8. 不辜负父母期望				
9. 社会地位和声望高,受人尊重				
10. 独立生活,不受父母约束				
11. 薪酬高、福利好				
12. 放假的时间多				
13. 办公环境舒适				
14. 在一个自己喜欢的城市或地区				
15. 工作稳定,具有保障				
16. 工作中能结交很多朋友				

步骤2:思考与分享

(1)你是否买到了自己认为最重要的价值观项目?

①如果是,买到时的心情如何?

②如果不是,则因何故没有买到?没有买到的心情如何?

③你最想买的项目是什么?其背后隐含的价值观为何?为什么它对你而言那么重要?

(2)参与拍卖活动时,你的心态为何?

①你所买的项目是否都是自己喜欢的?还是在赌气或不得已的情况下买的?

②拍卖的过程中,你的心情如何?

步骤3:课后作业:请同学们谈谈本次活动的收获与感受

(1)通过这个活动,你对自己的价值观有些什么样的了解?

(2)你的价值观会对你的职业选择和人生产生什么样的影响?

(3)其他人的价值观会对你的生活造成什么样的影响?

步骤4:总结

从这次"人生价值拍卖会"中可以看到同学们不同的价值观。同学们要选择自己重要的价值,树立正确的价值观。"价值拍卖"活动结束了,我相信每个同学都对自己未来的人生选择有了更深入的思考。

3.能力的自我探索——职业能力评估(见表4-7)

目的:分析自身能力和目标职位的匹配性

使用方法:按照指示语填写完整,如果你还想到了一些项目表上没有的能力,可以填上。看自己和目标职位是否匹配,看还存在哪些差距,并思考如何去补充。

为了检查你对职业的认识以及你所具备的能力与理想工作所应具备的能力,请你试着根据目前的职业目标,选定一个工作或职位,然后查阅相关资料,试着回答以下的问题。(工作所需及自己已具备能力两部分,确定打√,不确定或不知道打△,不需要或自己缺乏此能力打×)

表4-7 职业能力评估

工作职位名称	工作所需具备的能力	自己已具备的能力	整体心得感想
	□1.文字能力	□1.文字能力	
	□2.表达能力	□2.表达能力	
	□3.沟通协调能力	□3.沟通协调能力	
	□4.领导能力	□4.领导能力	
	□5.专业技能	□5.专业技能	
	□6.办公软件操作能力	□6.办公软件操作能力	
	□7.行销能力	□7.行销能力	
	□8.会计能力	□8.会计能力	

续表

工作职位名称	工作所需具备的能力	自己已具备的能力	整体心得感想
	□9. 机械操作能力	□9. 机械操作能力	
	□10. 法律知识	□10. 法律知识	
	□11. 判断力	□11. 判断力	
	□12. 创造力	□12. 创造力	
	□13. 直觉与敏感度	□13. 直觉与敏感度	
	□14. 其他重要专业知识	□14. 其他重要专业知识	
	□15.	□15.	
	□16.	□16.	
	□17.	□17.	
	□18.	□18.	

（二）职业生涯幻游

目的：唤醒来询者内心真正的需要，从而有动力去实现。

步骤1：在安静的室内，用轻音乐做辅助，规划师帮助来询者先进行放松，然后利用指示语进行引导。

生涯幻游指导语：你是否能更具体地想象自己5年后的模样？未来的生涯会是什么光景？现在就让我们一起乘坐未来世界最先进的时光隧道机，到未来世界去旅行。（自我暗示放松训练＋轻音乐）

现在，我们一起坐在时光隧道机里，来到5年后的世界，也就是公元××××年的世界。算一算，这时你几岁了？容貌有变化吗？请你尽量想象5年后的情形，越仔细越好。好，现在你正躺在家里卧室的床上。这时候是清晨，和往常一样，你慢慢地睁开眼睛，首先看到的是卧室里的天花板。看到了吗？它是什么颜色？

接着，你准备下床。尝试去感觉脚指头接触到地面的那一刹那的温度，凉凉的？还是暖暖的？经过一番梳洗之后，你来到衣柜前面，准备换衣服上班。穿好衣服，你看一看镜子。然后你来到了餐厅，早餐吃的是什么？一起用餐的有谁？你跟他们说了什么话？

接下来，你关上家里的大门，准备前往工作的地点。你回头看一下你家，它是一栋什么样的房子？

然后，你将搭乘什么样的交通工具上班？

你即将到达工作的地方,首先注意一下,这个地方看起来如何?好,你进入工作的地方。你跟同事打了招呼,他们怎么称呼你?你还注意到哪些人出现这里?他们正在做什么?

你在你的办公桌前坐下,安排一下今天的行程,然后开始上午的工作。早上的工作内容是什么?跟哪些人一起工作?工作时间用到哪些东西?

很快地,上午的工作结束了。中餐如何解决?吃的是什么?跟谁一起吃饭?中餐还愉快吗?

接下来是下午的工作时间,跟上午的工作内容有什么不同?还是一样的忙碌吗?

快到下班的时间了,或者你没有固定的下班时间,但你即将结束一天的工作。下班后,你直接回家吗?或者先办点什么样的事?或者要做一些什么样其他的活动?

到家了,家里有什么人呢?回家后你都做些什么事?晚餐的时间到了,你会在哪里用餐?跟谁一起用餐?吃的是什么?

晚餐后,你做了什么?跟谁在一起?

该是就寝的时间了。你躺在早上起床的那张床上。你回忆一下今天的工作与生活,今天过得愉快吗?是不是要许一个愿?许什么样的愿望?

渐渐地,你很满足地进入梦乡。安心地睡吧!一分钟后,我会叫醒你。

(一分钟后)我们慢慢地回到这里,还记得吗?你现在的位置不是在床上,而是在这里。现在,我从10开始倒数,当我数到0的时候,你就可以睁开眼睛了。好,10—9—8—7—6—5—4—3—2—1—0,请睁开眼睛。你慢慢地醒过来,静静地坐着。

步骤2:讨论与分享

1. 我5年后典型的一天描述

(1)我5年后从事的工作的描述

①工作是________________。

②工作的内容是________________。

③工作的场所在________________。

④工作场所周围的环境________________。

⑤工作场所周围的人群________________。

(2)我5年后的生活形态的描述

①婚姻状况 □已婚 □未婚 □其他 ________________

②家中成员有子女 ______人。

③父母同居 □是　□否　□其他 ______

④居住的场所在__________。

⑤居住场所周围的环境__________。

⑥居住场所周围的人群__________。

2. 请说明下列问题

(1)我在进行幻游时,印象最深刻的画面是__________。

(2)我在进行幻游后,对比与现在环境最大的不同点是________。

(3)我在进行幻游后,最深的感受是________。

3. 我在进行幻游后,觉得未来的生涯发展会是怎样的?

(1)我认为我未来会从事________职业。

(2)我认为我的未来会与幻游过程相关? □是　□不是　□其他 ______

体验感悟

1. 撰写成就故事

请写下生活中令你有成就感的具体事件然后对其进行分析,看看你在其中使用了哪些技能(尤其是可迁移技能)。

这些“成就故事”不一定是工作或学习上的,也可以是课外活动或家庭生活中发生的。它们不必是惊天动地的大事,只要符合以下两条标准,就可以被视为“成就”:

(1)你喜欢做这件事时体验到的感受。

(2)你为完成它所带来的结果而感到自豪。如果同时你还获得了他人的认可和表扬那就更好了,不过这并不重要。

在撰写成就故事时,每个故事都应当包含以下要素:

(1)你想达到的目标,即需要完成的事情。

(2)你面临的障碍、限制或困难。

(3)你的具体行动步骤,即你是如何一步步克服障碍、达成目标的。

(4)对结果的描述,即你取得的成就。最好能够量化评估(用某种方法衡量或以数据说明)。

至少写出 5 个故事(越多越好)。如果有条件的话,请和两三个同伴一起逐一进行分析讨论,看看其中你都使用了一些什么样的技能。最后看看在这些故事中是非有重复出现的技能,它们就是你擅长的技能。将这些技能按优先次序加以排列。

2. 生涯人物访谈

生涯人物访谈通过采访自己感兴趣职业的从业者详细地获得职业信息第一手资料。接受访谈的对象，我们常称之为"生涯人物"，他或她至少在这个职位上工作了3～5年的时间。为了防止访谈中的主观影响，对同一职业可至少访谈2名从业者，比如既与工作业绩突出者交谈，也与默默无闻者交谈，可以获得不同角度的信息。应注意不要利用生涯人物访谈来试图达到访谈以外的其他目的，如找工作、销售产品等，以免引起双方的尴尬。

建议在开始访谈前，至少做两件事：一是为自己准备一个"30秒的广告"，因为对方可能问到你的职业兴趣和目标；二是对需要提出的问题做一些准备，这样有助于访谈的深入进行和提高效率。

另外，如果你对人物访谈还有顾虑的话，请一定要记住："成功者乐于助人！"通常一位在自己喜欢的工作岗位上工作的人都会不自觉地乐意和虚心好学的人谈论自己的工作。因此，你只需要先向你的采访对象表达敬意，然后洗耳恭听！

表4-8　生涯人物访谈问题清单

职业资讯方面	生涯经验方面
1. 工作性质、任务或内容	1. 个人教育或训练背景
2. 工作环境、工作地点	2. 投入该职业的决策过程
3. 所需教育、训练或经验	3. 生涯发展历程
4. 所需个人资格、技能	4. 工作心得：乐趣和困难
5. 收入或薪资范围、福利	5. 对工作的看法
6. 工作时间	6. 获得成功的条件
7. 相关就业机会	7. 未来规划
8. 进修和升迁机会	8. 对后进者的建议
9. 组织文化和规范	
10. 未来发展前景	

在生涯人物访谈中可以提出的问题举例如下：

在这个工作岗位上，每天都做些什么？

你是如何找到这份工作的？

你是如何看待该领域工作的将来变化趋势的？

你的工作是如何为实现组织的总体目标或使命贡献力量的？

你所在领域有“职业生涯道路”吗？
本职业需要什么样的人？
到本领域工作所需的基本前提是什么？
就你的工作而言，你最喜欢什么？最不喜欢什么？
什么样的初级工作最有益于学到尽可能多的知识？
本领域初职和略高级别职位的薪水是多少？
采取工作行动和解决问题的自由度如何？
本领域有发展机会吗？
本工作的哪部分让你最满意？哪部分最有挑战性？
什么样的个人品质或能力对本工作的成功来讲是重要的？
你认为将来本领域潜在的不利因素是什么？
依你所见，在本领域工作你遇到了什么样的问题？
对于一个即将进入该领域的人，你愿意提出特别建议吗？
本工作需要特别的知识、技能和经验吗？
这种工作需要什么样的教育或培训背景吗？
公司对刚进入该领域的员工提供哪些培训？
哪个职业杂志或组织能帮助我深入了解该领域？
你的熟人中有谁能够成为我下次采访的对象吗？
当我打电话给他/她的时候，可以提你的名字吗？

推荐书籍

1. 吴芝仪.我的生涯手册.北京：经济日报出版社，2008.

推荐理由：我是一个什么样的人？我喜欢什么？我擅长做些什么？我适合从事什么样的职业？在选择与被选择之间我该如何抉择？本书涵盖了自我探索、工作世界探索、家庭期待与沟通、生涯选择与决定、生涯愿景与规划、生涯准备与行动等与个人生涯发展息息相关的重要议题。读生涯手册，做最好的自己。如果你还年轻，这本书将引导你认真规划一生；如果你已步入中年，这本书让你反思过去，开创更美好的未来。

2. 理查德·尼尔森·鲍利斯.你的降落伞是什么颜色.刘宁译.北京：中信出版社，2010.

推荐理由：如果你正在求职或者打算跳槽，这是一本你无论如何不应错过的著作，否则你将错过聆听全世界最权威的职业指导大师30年研究心得的机会。如果你阅读了此书，你至少将了解：现有的求职系统是过时而低效的，简历、招聘广告、职业介绍所和猎头公司，它们所起的作用远比你以为的要小得多。其实最有效的求职途径唾手可得，你甚至可以不用投寄一份简历就找到最理想的工作。理查德·尼尔森·鲍利斯，职业指导大师、畅销书作家，他改变了数百万人看待他们工作和生活的方式，这当中有职业顾问、社会工作者、行政官员、教师和其他陷入茫然和自我怀疑的求职者和跳槽者。同行评价说："他值得30年间他帮助过的所有人尊敬。"

3. 雷恩·吉尔森.选对池塘钓大鱼.彭书淮译.北京：机械工业出版社，2004.

推荐理由："鱼是游动的，机会也是在变化的，我们必须不断变化位置来寻找大鱼，并且在其饥饿的时候投下鱼饵，将其钓上来。"职业规划是一种立于现实、理性和梦想之上的管理艺术。本书就是这门管理艺术的杰作，它用生动活泼的语言，从一个关于钓鱼的哲理故事入手，系统完整地介绍了如何为自己定位，如何选择适合自己的职业、公司和老板等，分析了影响人们职业规划的各种因素。本书将职业规划的完整步骤层层展开，让读者充分认识自己内心的需求、自我性格、天赋和兴趣，循序渐进地带领读者建立一套生涯管理计划。本书是职业生涯规划必读手册和求职就业宝典。作为跨国公司员工职业规划培训教材和欧美大学职业规划选修教材，全球已有数百万人因此书得到了积极的改变。

第五章　没有人是一座孤岛
——大学生的人际交往

一个没有交际能力的人，犹如陆地上的船，是永远不会漂泊到人生的大海中去的。

——阿拉伯哲语

心灵成长

一、校园故事

晓君是一个活泼、开朗、热情、坦率的女孩子。一进大学校门，她就积极主动地与周围同学交往，她希望自己在大学期间广交朋友，从别人身上吸取优点充实自己，并且也让自己能获得别人的肯定、接纳与喜欢。

于是，她不放过任何一个与别人交流、沟通的机会，其中，最主要的是言语交流。无论在宿舍里、在课间休息的时候还是在结伴而行的途中，身边的任何一个话题她都会热烈地参与，而且她自己常常是各种话题的发起者。本来，她就口齿伶俐、思维敏捷，加上平时注意拓展知识面，更重要的是她追求在言语交流上表现出色，因此，只要有她在场的交谈，几乎没有不以她为中心的。她说的话最多，自然占用的时间也最长，并且总是千方百计地把别人的注意力吸引到自己这一边来，或者竭力驳倒与自己观点不同的人。她为此而自我感觉颇为良好，有一种优越感。她以为这样更有利于在别人心目中确立自己的地位。

然而，随着时间的推移，她渐渐发觉当初同学们倾听她侃侃而谈时的专注、欣赏的表情消失了，代之以心不在焉、无动于衷甚至不耐烦的表情。不止一次，当她的言谈暂告一段落时，其他人都奇怪地默不作声，使她体会到无人回应的尴尬。她自我检查并没有说错什么，推测是因为自己的话题别人不感兴趣，所以就换一个新话题继续说下去。但是，这样做的结果更糟，她明显感觉到已经有人在故意回避她了，主动跟她交谈的人更加稀少。她陷入了从未有过的孤独与困惑。

直到有一天，当她又不由自主地滔滔不绝地说着的时候，一位同学以无比冷淡的语气甩给她一句："你说的尽是我、我、我……有完没完?!"她愣住了，内心的什么东西被触动了一下。她问自己："为什么会这样?"

二、穿越人际交往的迷雾

人际交往是指人与人之间通过一定的方式进行接触，从而在认知、情感和行为上发生相互影响的过程。刚刚走进大学校园的学生，大多渴望在校园中建立起良好的人际关系，这不仅是一种求得他人认可的心理诉求，而且也在某种程度上决定着其大学生活的幸福，但强烈的交往动机并非必然产生健康和谐的人际关系。大学生的交往中，有一些同学不能形成合理的自我评价，也就对自己在所处环境中的地位与角色不能正确认识，在具体的交往活动或过程中出现了各种"交往不适症"，经历着各种酸甜苦辣的心理感受，给大学生活留下了一些阴霾。

我们相信每一个人都有不被人理解和接受的经历，而不被人理解与接受就意味着自己不被人尊重和重视，不被人重视同时意味着自己的价值和努力被忽视。当自己的价值和努力被人忽视的时候，人的第一反应就有可能是郁闷、压抑、愤怒，也就是所谓的"不在沉默中死亡就在沉默中爆发"。而事实上，我们不被人理解和接受的至关重要的原因是彼此没有在各自的目标上达成某种共识和彼此之间的默契，才产生认识上的分歧。人们如何就彼此之间的某种目标达成共识和默契呢?

大学生之间存在差别，但他们在交往中却都刻意追求平等，强者不愿被迎合，弱者不愿被鄙视。那就需要平静地看待周围的人和事，保持一种平和而理智的心态，以诚相待。热诚的赞许与诚恳的批评，都能使彼此间愿意了解、信任、倾诉、交心。

每个人所隐藏的内心世界，正是别人希望发现的奥秘，一般来说只有暴露了自己的内心，才能走进别人的心里。当你对别人做出一个友好的行动，表示支持或接纳他时，他的心理就会产生一种压力，为保持自己的心理平衡，他便会对你报以相应的友好行为。善于与人交谈和一起娱乐，能恰当分配时间与人交往、参加集体活动，往往会取得思想上的沟通、感情上的融洽。

大学时代的人际交往是独具特色的，它最纯真，最重感情，令人回味无穷，使人受益匪浅。刚刚步入人生之旅的大学生们开始了独立的大学生活，同时也拉开了独自处理各种人际关系的帷幕。

心理视点

一、人际关系的意蕴

如果人际关系不顺利，就意味着心理需要被剥夺，或满足需要的愿望受挫折，会产生孤立无援或被社会抛弃的感觉。有良好的人际关系就会得到心理上的满足，人际关系有着调整生活氛围和生活质量的作用。但到底如何才能真正地改善人际关系呢？和谐的人际关系需要由更深入的身心视角来探讨。

第一是基本人生观的建立，即“每个人的存在皆有其意义与价值”，“宇宙万物及人类皆具有善良的动机及意图”。这样的心态会将我们导向信任及接纳，而非恐惧及排斥，我们会愿意敞开自己的心扉，与人进行真实情感的交流，也愿意表达内心真实的感受。这是一种对人生、人性的信任，一种真情流露，与一味地重视沟通技巧，建立仿佛很好的人际关系，但内心其实孤独是全然不同的。这样的存在状态下，我们会认知及体会到自己存在的独特性，感觉自己在宇宙及人生中有着不可磨灭的重要性，我们不只是我们自己，也是宇宙及大自然广大生命独特的部分，我们的存在是有意义的。

第二是一个认知的问题。我们要尽量看到别人善良的一面，尽量将我们注意力的焦点放在别人表现好的地方，而非专门看到别人愚蠢、无知及人性低劣的那部分。如果你是那种很聪明的人，常常一眼就看到别人的缺点，看到别人自私自利、自我防卫的部分，那么，你仿佛就是人类恶行劣迹的收集者，而且按照“你创造自己的实相”这个观点，你会在自己四周创造出更多的负面事实，举目所见，周遭之人，不是笨蛋、白痴，就是邪恶分子。可怕的还不只这些！你会因此而产生提防、多疑、负面的人生态度，你不能真正地信任及接纳自己，也无法信任及接纳别人。表面上也许你想改善人际关系，想和别人亲近，却发现怎么做都做不好，那是由于你的内心仍充满了恐惧及不安全感。在情绪层面上，你会因为这样负面及悲观的思考而产生莫名的沮丧、焦虑及易怒情绪，却怎么也不明白为何自己总是那么不快乐。

第三是最重要的行为层面。一是要积极回应他人的善意；二是若别人的不友善言行是出自误会，则发乎真诚地努力澄清；三是对别人投射性的不满及仿佛的不友善，以一笑置之的方式予以忽略。

在生活中我们常看到这样的例子，人们往往会对别人攻击性及批评性的言语耿耿于怀，心中的芥蒂愈来愈大，内心的伤痕、防卫性的不满及愤怒也无限放大，以致对他人曾有过的善意，或其后所有善意的释出完全视而不见，久而久之，你内心剩下的就全是对人的不满及愤怒。这时候，如果我们真正去内观，会发现其实一直不原谅对方，只因为我们从来没有真正地接纳及宽恕自己，此时一味强求原谅及宽恕对方根本就不可能。我们必须看到的是，也许在内心一直指责及控诉自己的人根本就是自己。认清这一点，我们才可能真正地解脱。

积极回应别人的善意，刻意忽略别人的不友善，表示我们将自己的行为及情绪掌握在自己手里，并不随别人如何对待我们而被牵着鼻子走，而且会因此在自己的人际关系中创造出良性的互动。如果我们是针对别人人性中的友善及温暖而起反应，予以正面的加强，也会因而创造出人性更多的真、善、美。同理可证，若我们只看到别人的不友善，要么会退缩逃避，要么会消极与之对抗，要么就直接杠上了。这样在暗地里或表面上的针锋相对，只会让你的人际关系更恶劣罢了。

（一）促进良好人际关系的条件

第一，空间上的接近性。人们之间相处的空间距离远近，是影响人际间形成密切关系的因素之一。空间距离越近，彼此了解越多，熟悉越快，越容易形成亲密关系。

第二，相似性。所谓相似性，包括年龄经历、兴趣爱好、处事态度、立场观点、宗教信仰等方面的类似性或共同性。研究表明，相似性能增进人际吸引。同乡、同一个社团的同学交往频繁，关系密切，就是由于相似的语言、风俗习惯、兴趣爱好使彼此相互吸引。

第三，互补性。除了相似性的因素使人与人之间容易接近以外，互补也是密切人际关系的重要因素之一。所谓互补，是指人的个性品质和表现出的行为差异恰好符合对方内心的期待或需求。相似性是客观因素，而互补性实际上是一种主观的需要或动机。互补可以取长补短，各取所需。

第四，才华能力。人们向来就崇拜和羡慕有真才实学的人。一般说来，一个人的才能出众或有某方面的专长，对别人就有一种吸引力，从而产生一种敬佩感，并喜欢与之接近。但有时过于精明强干的人并不见得都受人喜欢。社会心理学家阿伦森的研究结果表明，有小缺点的才能超群者往往最受人喜爱。

第五，外表特征。外表特征是指人的容貌、体态、身高、衣着、风度等。这些外部特征是影响人际吸引和相互喜爱的因素。特别是在初次见面时，由于首因效应，外表特征在人际吸引中占有重要地位。但随着交往时间的增长，人际吸引力就逐渐由外表特征转向内在品质。

（二）建立良好人际关系的障碍

第一，自我中心主义。自我中心主义强烈者，在待人、接物、处事当中只关心自己的兴趣和需要，而不尊重他人的感情和人格，也不体察他人的需要和愿望，忽视别人的处境和利益，其结果必然导致关系不平等。这种人与他人不可能建立起深刻的人际关系。

第二，控制他人的欲望。指操纵他人为自己服务，其中包含对人的不真诚，这种人只顾自己的利益，而不管别人的利益和愿望，采取一切手段为自己捞取好处，以此为前提与人相处，必然会破坏人际关系。

第三，服从并讨好别人。有这种行为的人往往与被讨好和敬畏的人关系生硬，情感和思想不能充分沟通，这种行为也会引起其他人的反感，影响正常人际关系的形成。

第四，怀有偏见。对人对事缺乏公正客观的评价，自我防御机能强，这种人缺乏吸引力，很难与人搞好关系。

第五，过分依赖。事事过分依赖他人，因而丧失了自尊，这种人往往给别人造成很大的负担。

第六，敌对与猜疑。怀有敌对和猜疑心理的人，待人处事容易偏激，它严重妨碍人们之间正常的意见沟通，使人与人之间产生一种不信任的态度。

第七，性情孤僻。自卑、敏感、退缩、孤僻的性格导致人际交往中的挫败感，会加重内心的自卑和焦虑，使自己越发地不懂得如何与人交往，逐渐丧失人际交往的主动性，处于被动和自我封闭的状态，变得更加不合群。自卑者缺乏自信心，对人际关系的变化十分敏感。这种人对他人的失误过分谴责，人们都不喜欢与这种人交往。

二、学会有效沟通

人生的美好是人情的美好，人生的丰富是人际关系的丰富。人一生的成长、发展、成功、幸福，是与他人的沟通和交往息息相关的；人一生的愉快、烦恼、欢乐、悲伤、爱与恨，也同样是与别人的沟通和交往分不开的。沟通是信息的传递、情绪的转移、感觉的互动。沟通的目的是要让对方明白你的想法或是达成共识，心与心交流，走进对方心里才是真正的沟通。良好的沟通需要稳定的情绪和比较健康的心态以及对于沟通对象的尊重，外加一定的技巧和手段，这些全部都构成了沟通不可或缺的要件。

尊重是一种礼貌，更是人们之间友谊的桥梁。一个懂得去尊重别人的人必定会得到信任，在生活中体现对人的尊重也是一种艺术。每一个人所说的每一句话，都带有某种信息；不管是职场或是生活中的事，是喜悦抑或愤怒的表达，这一切都必须仰赖彼此的沟通。而有效的沟通，只有在尊重的前提下，才能事半功倍。在人与人相处之间，相互尊重是一个基础点。

沟通过程中的尊重标准是指我们要赢得别人的尊重，那么首先我们必须尊重自己；如果我们不尊重自己，没有人会尊重我们。其次，我们尊重他人，表现出对别人的尊重，同时赢得别人对自己的尊重，尊重是双向的，这就是相互尊重的真正含义，尊重他人也尊重自己，没有这一点，成功的沟通是不可能的。

（一）人际沟通的功能

对于人际沟通的功能，有的学者认为有三种功能：一是信息的沟通功能；二是思想的沟通功能；三是人际关系的沟通功能。其他学者还有不同的提法。我们综合各家的论述，认为人际沟通的功能可以归纳为以下三个方面：

第一，协调作用。人际沟通的协调作用体现在两个方面：一是协调情感，即人际沟通可以使沟通者心理得到某些满足；二是协调动作，即沟通者从沟通的信息中自动调节自己的行为。如果一个团体中人与人之间沟通阻塞，那么成员间的隔阂、误会、矛盾就会骤然上升。一旦这些阻塞被排除，沟通顺畅了，那么隔阂、误会、矛盾就会逐渐消失。因此，人际沟通有利于提供信息，增进了解，起到改善情绪、增强团结、调整行为的作用，也即协调作用。

第二，保健作用。人际沟通是人类特有的需求，如果人的这种需求得不到满足，就会影响个人的身心健康。因此，人际沟通对于个人来说，也是个体生活中不能缺少的行为。保持人与人之间充分的思想情感交流，实现沟通行为所必须的条件，是保证个人心理健康成长所必需的，这就是沟通的保健功能。

人际沟通是不可忽视的动力源泉之一。如果人与人之间缺乏信息的传递，个人就会感到空虚、抑郁，还会促使脑细胞萎缩。美国心理学家摩根对纽约州退休老人做调查，发现凡是在人际关系方面保持较多来往并较为协调的老人，比那种很少与人往来的老人，有更多的幸福感。而后一种老人更多地体验到的是悲伤感和孤独感。

第三，形成和发展社会心理的作用。人的社会心理正是在同他人进行人际沟通过程中，逐渐形成和发展起来的。社会心理现象主要包括个体在社会、群体和他人的影响下心理发展变化的规律，个人对群体、群体对个人的相互影响和心理效应，以及群体间的相互影响和作用，而这些心理现象和规律又无一不是以交流信息为前提的。社会态度的变化依赖于交流信息，群体的构成和维系离不开人际沟通，沟通信息量的多寡决定领导行为，权力模式和决策过程也依赖于信息交流。由此可见，没有人际的信息交流，就没有社会心理的产生。这在一定程度上也说明了为什么有的学者把人际沟通视为社会心理学这一学科整个问题系统的逻辑中心。

（二）典型的不良沟通

从人们习惯性的行为表现很容易识别不同的沟通类型：

第一，讨好型的人。往往倾向于取悦于人、依赖、道歉。常说的话是："这都是我的错，都是我不好。"害怕时就讨好。你在交往中是希望与之接近还是拉开距离？你愿意与这样的人做朋友吗？

第二，指责型的人。惯于攻击、批判、愤怒、抱怨。常说的话是："都是你的错，都怪你，都是你。"抱怨别人其实是抱怨自己，一个手指指向别人的同时有三个手指指向自己。怕错先指责别人，怕怪罪先抱怨。交流最基本的要求是要尊重对方，懂得对方的心思，切不可好为人师，动不动就拿自己的那一套来指导别人，也不可把自己看得高人一等，动不动就教训别人，显示自己的高明。最起码要把彼此都放在一个水平上，才能保证交流的顺畅进行。

第三，超理智型的人。顽固、僵硬、刻板。常说的是："你一定要听清楚，我说的是有道理的，我难道说得不对吗？"只用头脑、观念与别人交流，说得都很对，但别人不愿接近他。自以为是的人容易把话说满。总觉得自己的见解没有错，根本不容分辩，于是马上盖棺论定，不留余地。可是，要知道杯子留有空间，是为了轻轻晃动时不会把液体溢出来；气球留有空间，是为了不会因轻微的挤压而爆炸；人说话留有空间，是为了防止"例外"发生而让自己下不了台。

第四，打岔型的人。逃避，打哈哈。常说的是："这个问题嘛……你懂的。哎，你昨天去哪了？怎么没看到你？"调侃与玩笑的分寸与尺度既是一个至关重要的问题，又是一个难以把握的问题。同样的玩笑开在这儿可以，开在那儿不行，这个人可以接受，那个人或许不能承受。那么，分寸与尺度在哪儿，很显然，在对方那里。也就是说，无论我们的玩笑如何，对方不能接受那就是不合时宜，所以，入乡随俗、因人而异是诙谐、调侃的一个重要原则。我们调侃的目的在于活跃气氛，千万不要适得其反。

所有的不良模式往往心口不一。我们可以从三个方面来考量,即自己、他人、情境:如果只有自己,没有他人,是指责,指责的同时是自责;如果只有他人,没有自己,是讨好,讨好的同时是索取;如果只有情境,没有自己,也没有他人,是超理智;如果既忽略自己、他人,也无情境,是打岔。

说话时,出于技巧和内容的需要,有时故意不把要表述的观点直接表述出来,而是隐蔽地蕴含在另一个似乎无关的观点中,让谈话对方经过思考,顿悟你所要真正表达的意思,这是隐含判断的真正要义。隐含判断是通过"隐藏"表达观点、表现幽默的,露中有藏,藏中有露,是一经推演判断就能发现真正意图的,如果藏得太密太深,幽默效果就荡然无存了。所以在使用这种技巧时一定要注意藏之有度,要让人们经过短暂的思索后立即能判断得出。

(三)认知偏差及调适

人际交往中的认知包括对自我的认知和对他人的认知。自我认知包括对自己身体状态的认知(如健康、长相等),对自己心理状况的认知(如性格、爱好、情感、意向等),对自己社会关系的认知(如阶层、是否被人接受等)。正确的自我认知对人际交往、协调人际关系有很大的作用。人际交往中除了自我认知外,对他人的认知也是十分重要的。但是人们在认知他人、形成有关他人的印象过程中,常受一些心理效应的影响而发生这样或那样的偏差。

第一,首因效应。首因效应是指第一次形成的印象对人际认知的强烈影响。第一印象不管正确与否,总是最鲜明、最牢固的,往往左右着对对方的评价,影响着以后的交往。所以要审慎对待对他人的第一印象,不能因为第一印象好而忽略对其进行全面的认识,也不能因为第一印象坏而拒绝交往,同时还要利用首因效应,展现自己最吸引人的品质,给他人以良好的印象。

第二,近因效应。客观上是由于最近获得的信息刺激强,给人留下的印象清晰,往往会冲淡过去所获得的有关印象。在人际认知活动中,最近的印象对人的评价起着重要作用。所以在对他人认知时,不能只看一时一事,而要历史地、全面地看,这样才能消除由于近因效应产生的认知偏差。近因效应与首因效应是一个问题的两个方面。一般说来,在与陌生人交往时,首因效应比较明显;而在与熟悉的人进行交往时,近因效应更为明显。

第三,晕轮效应。对人的看法,人们常有一种以点代面、以偏概全的认识倾向,犹如大风前的月晕逐步扩散,形成一个更大的光环,这种现象称为晕轮效应,也叫光环效应。如果认识到一个人具有某种突出的优点,就认为他其他方面也都好,这个人就被一种积极肯定的光环笼罩,并被赋予更多好的品质。相反,如果认识到一个人具有某种突出的缺点,这个人就被一种消极否定的光环笼罩,认为他其他方面都不好。这种对人的看法,在日常生活中时有发生。这也是一种人际认知偏差,必须加以预防和纠正。

第四,刻板效应。是指对某人或某一类人产生的一种比较固定的、类化的看法。具有代表性的,如种族偏见、民族偏见、地域偏见。诸如“某某省的人怎样怎样”“某某市的人又如何如何”之类的言论,“南方人都很精明,北方人都很憨厚”这种类化的看法,都是人脑中形成的刻板、固定的印象。刻板效应的产生,一是来自直接交往印象,二是通过别人介绍或媒介的宣传。由于刻板效应的作用,人们在认知某人时,会先将他的一些特别的特征归属为某类成员,再把这类成员所具有的典型特征归属到他的身上,以此为根据去认知他。由于刻板印象建立在对某类成员个性品质抽象概括认识的基础上,反映了这类成员的共性,有一定的合理性和可信度。所以它可以简化人们的认知过程,有助于对人迅速作出判断,帮助人们迅速有效地适应环境。但它也容易使人的认识僵化保守,人们一旦形成不正确的刻板印象,再用这种定型去衡量一切,就会造成认知上的偏差,如同戴上有色眼镜去看人。因此,人际交往中既要正确看待刻板效应的积极作用,还要努力纠正刻板效应的消极作用。

第五,投射效应。指以己度人,把自己的感情、意志、特征投射到他人身上,并强加于人的一种认知障碍。比如心地善良的人会以为别人都是善良的;经常算计别人的人就会觉得别人也在算计他。对自己喜欢的人或事越看越喜欢,越看优点越多;对自己不喜欢的人或事越看越讨厌,越看缺点越多。因而表现出过分赞扬和吹捧自己所喜爱的人或事,过分指责甚至中伤自己所厌恶的人和事。这种把自己的感情投射到交往对象身上,进行美化或丑化的心理倾向,失去了交往中认知的客观性。

在人际交往中,心理凝聚是人际关系亲疏的关键。要获得良好的人际关系,就要克服以上几种心理效应导致的认识偏差。

(四)情感偏差及调适

人际交往过程中的情感因素包括对交往的情绪反应、人与人之间的情感关系及心理距离的远近。情感成分是人际交往中的主要特征,对人的好恶决定着交往者彼此间的行为。

大学生感情丰富、心境易变,有时对人对事过于敏感,容易产生一些消极的情绪，使得人际交往缺乏稳定性，产生各种偏差。此外，交往过程中的情绪反应是否适度、适当，也影响着交往的发展方向。因此，大学生在人际交往过程中，学会应对自己的各种消极情绪，这也是个人成长的一种重要表现。

1. 恼怒敌意心理。在人际交往过程中，人难免会有不顺心、不如意的时候，这时很容易产生愤怒的情绪并有要将它发泄出来的强烈的冲动，这是人之常情。研究发现，当一个人有强烈的愤怒而又过分压抑时，对身心健康非常不利；而过分发泄又会伤及自己和他人。研究表明，人在愤怒时，意识范围会变小，考虑问题偏激，主观化严重，自控力下降。因此，在这种情况下容易发生人际冲突，且无益于问题的解决。有人比喻这种过分地发泄自己的愤怒就像是用仙人掌碰人，在刺伤别人的同时也伤及自己。因此，健康有效地表达愤怒对维护良好的人际关系、促进身心健康有着极其重要的意义。在此，我们提出表达愤怒的几条原则：言论对事不对人；就事论事，不诋毁他人人格；不翻旧账，只对眼前；不涉及他人家庭、种族、社会地位、外貌等；不要限制对方发火，这可消除紧张和猜疑；发火要有确凿的证据，让人知道你生气的原因；给对方留后路，不要把话说得太绝，要为和好留有余地；敢于为自己过激的言行道歉。

对待愤怒健康而有效的方法是化解法和合理宣泄法。化解法是通过对人生和自我的反省与觉悟，使怒气自行消失，从而逐渐减少发怒的方法。化解法是东方人生观的精华之一，它并不像一般人所理解的那样是一种消极的处世态度。而是把挫折、不如意、不公平看作是生活中的组成部分，是每个人一生中必然要无数次经历和体验的东西，因此不必大惊小怪，耗费大量宝贵的时间和精力。发怒常常是因为我们认为某些事应该如何，而结果却事与愿违。在人际交往中，人们习惯事先设定好一个框架，如果对方符合这个框架，便一切都好；如果对方不符合这个框架，心里就不舒服。这种认为现实应该像自己期望的那样发展的思维习惯是引起发怒的重要根源。当人们认识到“人生不如意事十之八九”，平静地接受这一事实，将其看成是人生应该经历的一种体验，对许多事就不会那样易怒了。

合理宣泄法是指通过适当的社会环境许可的途径释放紧张的情绪，从而达到心理平衡与稳定的方法。心理学家认为，人的情绪处于紧张、压抑状态时，应该允许通过适当的途径发泄，以有利于机体的平衡与稳定。可见，伴随情绪而产生的身体能量可以通过情绪的适当发泄而获得出路。合理宣泄的途径多种多样，大学生如果心中有不平之事，可以向老师、辅导员诉说，也可以向亲朋好友诉说，同时也可以通过记日记来诉说。在感到苦闷抑郁、愤慨时，不妨到操场上打一场球或去跳一阵舞或到没人的地方大喊大叫一阵，大哭一场等。

2. 嫉贤妒能心理。甲、乙原是一对好朋友，平时他们出入于食堂、图书馆、教室，都是形影不离，他们有共同的兴趣爱好、共同的追求目标，他们互相帮助、支持、关心、照顾，共同进步。一年后，当乙被同学们推选为系学生会的学习部长并获得三好学生称号时，甲认为两人的学习成绩不相上下，其他方面的表现也差不多，为什么乙得到那么多的荣誉而自己一无所获？心中开始滋长不满和怨恨的情绪，从此两人开始疏远，甲还经常无中生有地造谣，使乙受到一定伤害，搞得两人关系十分紧张。

人际交往中的嫉妒心理是指人们在交往中，因发现或估计自己在才能、名望、地位、实力等方面不及他人而产生憎恨、愤怒等消极情感和企图贬低甚至迫害他人的心理倾向。这种心理表现为对他人的长处或取得的成绩心怀不满，报以嫉恨。有的讽刺、挖苦、中伤、诋毁甚至采取消极的攻击、破坏性行为，以使他人处于劣势，严重的还在别人遭受挫折或不顺时，洋洋得意，幸灾乐祸。这种情况严重阻碍了大学生的心理健康和交际能力，给大学生成长和成才带来了莫大的困难。因为嫉妒会吞噬人的理智和灵魂，影响人的正常思维，造成人格扭曲。

嫉妒的产生主要因为人们通过与他人的比较来确定自身的价值。如果别人的价值比重增加，便会觉得自己的价值在下降，从而产生心理不平衡。如果所比较对象原来和自己不相上下甚至比自己还不如时，更觉得难以忍受。这种情形很容易转化成对比较对象的不满和怨恨，在行为上很容易从对立的立场去寻找对方的弱点，或认为对方之所以成功只是由于外部环境的缘故，进而通过诋毁对方来达到自己暂时的心理平衡。

嫉妒心严重的人首先应调整自我价值的确认方式。研究表明，自我价值的确认越是倾向于社会标准（通过与周围人、社会流行观念等比较），就越容易引发嫉妒；越是倾向于内在标准（以自己的思考、内在的准则为参照），就越能减少嫉妒。简单地与别人比较往往导致片面的看法，因为能够表现一个人价值的方面很多，每个人都有其优势和劣势的方面，所以用一种统一的标准来衡量人的价值并不准确。因此，易于嫉妒的人应多以内在标准来衡量自己，找出自己的长处并加以发展，开创新局面。

3. 自卑自负心理。自卑是指由于对自己过低的认识和估计而产生自惭形秽的感觉。自卑的人，在交往过程中，往往缺乏积极性和自信，抱着己不如人的心态和他人交往，容易导致沟通失败。相反，自负则表现为过高地估计自己，抱着自己处处比别人强的心态与人交往，显得盛气凌人，也会给沟通交往带来消极影响。有时，自卑和自负的心理会交织在一起。比如，从农村来的大学生，由于其家庭经济条件通常不如城市来的大学生，家庭成员包括亲属受教育的程度也不如城里人，因而容易出现自卑心理。同时，他们又可能因为自己来自农村，考上大学的农村孩子不算多，因而自己也算得上是个佼佼者了，这样，就可能衍生自负心理。

自卑心理源于心理上的一种消极的自我暗示。很多心理学家指出，自卑感和本人的智力、受教育程度、所处的社会地位等因素无关，而仅仅是对"自己不如他人"的确信。所以，要预防和克服自卑心理，首先，要敢于正视自己的不足。人无完人，每个人都有自己的缺点，对于一些不可改变的事实，如相貌、身高等，完全可以用别处的优点或长处来弥补，大可不必自惭形秽。发现他人的长处，这本身不是坏事，可是老用别人的长处和自己的短处比，就不能激发奋起直追的勇气，而是越比越泄气，从而贬低、否定自己。事实上，人各有所长，自己不可能是事事都强于别人。反过来也一样。其次，见贤思齐应当鼓励，但还有一个量力而行的问题，所以要防止和克服自卑感。还要注意不可对自己提过高的要求，在选择目标时除考虑价值和自身的愿望外，还要考虑其实现的可能性。与其追求那些不切实际的东西，还不如设立一个较为现实的目标，采用"小步子"原则，不断地使自己得到鼓励。最后，要锻炼自己的心理承受能力，不要因为一次失败而一蹶不振，或因自己某一方面的过失而全盘否定自己。

自负也源于错误的自我评价。这类大学生喜欢过高地估计自己，在交往中表现为妄自尊大、自吹自擂、盛气凌人，常常感觉自己高人一等、自命不凡，甚至以为"举世皆浊我独清"，而且不愿和自己认为不如自己的人交往。这样的人容易引起对方的厌倦和反感，当然不会受别人的欢迎。自负一旦受挫，往往会转为自卑。自负者要学会尊重他人，善于发现别人的优点，还要学会严于律己，宽以待人，这样才有利于客观评价自己，进而建立良好的人际关系。

三、建立和谐的人际关系

人际交往中建立和发展起来的人与人之间的关系，反映了人们在交往中关系的深度、密切度、协调性等心理方面的联系程度。作为一个大学生如何建立良好的人际关系，下面我们就一起来探讨。

(一)学会换位思考

人们尝试与人建立关系时,最常见的错误之一是想引起别人对自己的兴趣。他们试着谈论一个又一个话题,希望恰好碰到一个对方也感兴趣的,这样做是本末倒置。要与别人建立关系,最佳方法是把注意力集中在对方的兴趣上面,处理好自己和他人的双边关系。最大的飞跃就是改变从我出发的单向观察与思维,要善于从对方的角度观察事物,不会换位思考、不能善解人意,就没有别开生面的人际关系。所谓“换位”,也就是常说的“将心比心”“感同身受”,即走出自我中心,设身处地站在别人的立场看问题。只有你理解他人为什么这样做而不是像自己所想的那样做,不会万事只从自己的喜好出发,冲突也随之化解。

如果你真的不会体谅他人,设身处地地为他人着想,那么,与他人建立良好而有意义的关系将是十分困难的。总是期望别人理解自己,但自己又不善于理解别人。甚至有个别同学思维方式总是以自我为中心,造成一些矛盾和冲突。你不妨回顾一下你与关系密切的某人发生的一次争吵。毫无疑问,你认为你对问题的看法是清楚无误的,而对方的看法是错误的。尽管你努力做到克制和忍让,但对方试图强迫你按照他或她不清楚的思路看问题。自然,对方可能也与你的想法一样。一旦双方之间的关系建立在这种缺乏移情和利己姿态的基础上,人际关系肯定会恶化。当你与他人的关系出现这种紧张的状况,你可以采取的对策是通过探寻对方为什么会得出那样的观点,从而使自己改换不同的角度看问题。如“如果你处于我的位置,你会如何看这个问题?你会怎样做?”用这样的方法交换角色,换位思考,就能使讨论有效地进行下去。这样做的结果必然是,双方能够相互了解、和谐相处、愉快合作。

换位思考是被人们信奉的人际交往的黄金定律,即用希望别人对待自己的方式对待别人。自然界存在一个永恒的法则,就是种瓜得瓜,种豆得豆,一旦你选定与人交往的行为方式,你就应该知道,你的选择正在激活一种力量,这种力量将影响别人的生活,并最终将根据其好坏对你产生积极或消极的影响。最伟大、最崇高的成功,都会使人最终用身后的感情看待所有的人际关系。

掌握了这一简单原则后,你就会理解为什么不能憎恨或嫉妒他人。你还将理解,为什么你不能对那些不公正对待你的人以眼还眼、以牙还牙。同样,你还将理解“以德报怨”这个古训。理解了作为黄金定律基础的法则,你还将理解该法则是以伙伴关系将全人类联系在一起的,在思想或行为上伤害他人必将伤害自己。同样，每一种和善的思想和行为都会为你的品格加分。

（二）给予别人真诚的赞美

赞赏他人是受人欢迎的最佳方式。从心理学的角度讲，所有的人都希望自己能够得到别人的欣赏与肯定。获得他人的赞美，就是对自己最大的欣赏与肯定。一个人在获得赞美时，其内心获得的愉悦感是其他任何物质上的享受所难以比拟的。因此，在交往中，适当地赞美对方是必要的。

首先，赞美要真诚，用心去说，不要太修饰。人虽然都喜欢听好听的，但是当我们听到一些奉承的赞美时就会感觉不舒服。过度的赞美会令人不安，让人感觉你言不由衷，也是一种不真诚的表现。

其次，找赞美点，贵在含蓄。直露的称赞往往让对方感到唐突或不好意思接受，含蓄可以让你的赞美回味无穷。人们总是更愿意相信背后说话人的诚意。当面不如背后，直说不如传说。背后说人坏话，传到对方耳朵里他会恨死你，认为你品质恶劣；背后说人好话，传到对方那里，他会喜欢死你，人们对背后的评价特别敏感。同样，你想夸一个人聪明，说："你真聪明。"不如说："很多人说你聪明。"夸一个初识的女孩好看，说："你真是美丽动人。"不如说："听别人说你美丽动人，今日一见，果然名不虚传。"

第三，赞美最好出乎意料，又在情理之中。一个人的优点已经是公认的事实，你再多说不免显得俗。如果能设法赞美他本人都未意识到的优点，你这份独特的重视就足以打动他。当然，一定要在情理之中，如果你说的根本就不是他的长处，你的赞美让他听着就可能感到别扭，甚至误解你是在拿他寻开心。

赞美最忌讳的一点是对每个人说千篇一律的话，现在看到女性都称美女、靓妹，看到男性都称帅哥，大家已经感觉不到赞赏之意了。赞扬别人的好方法应因人而异。

（三）改善表达

"言为心声"，语言是人类沟通思想、交流情感最基本的工具，讲究语言艺术，是培养交往能力的重要内容。俗话说："良言一句三冬暖，恶语伤人六月寒。"如果不注意语言艺术，往往在无意间就出口伤人，产生矛盾。社会交往中，人与人之间的关系是一种很微妙的"化学反应"，也许一件小事就能让你和对方的关系很好，也可能很坏，关键是在于把握一个度。千万不要因为说话像把利剑而伤人伤己。

说话是一项艺术，可以表现一个人的人文修养和见识，大到一言可以兴邦，小到会把周围的人都得罪。说话的诚意与文饰并重，才不至于太野或太假，才称得上文质彬彬。你直接说“这样不好”，不如说“如果……是不是更好?”为对方提供一些假设、一些建议，比生硬地提意见更容易让人接受。同样的意思，只是换了不同的说法，结果就截然不同。

有人问美国前国务卿鲍威尔成功的秘诀是什么，他想了想说：“我成功的秘诀是，急事慢慢地说，大事想清楚再说，小事幽默地说，没把握的事小心地说，做不到的事不乱说，伤害人的事坚决不说，没发生的事不要胡说，别人的事谨慎地说，自己的事怎么想就怎么说，现在的事做了再说，未来的事未来再说。”这一番话把沟通言谈的要义表达得淋漓尽致。直言快语固然能让人感觉爽快，但是委婉说话更能体现出一个人驾驭语言的能力。委婉并不是太有心机，也不是故意遮遮掩掩绕弯子，而是体现出一个人对交往对象的尊重和体贴，体现出一个人交际的成熟风范。

一个人要和别人交谈，不仅自己要懂得如何去说，更要懂得如何去聆听，缺乏聆听的技巧，往往会导致轻率的批评。一个人会任意地批评或发出不理智的言论往往是因为他不管别人要说什么，只想主控整个对谈的场面。如果你仔细聆听别人对你意见的回馈或反应，就能确定对方有没有在听你说话，得知对方是否已了解你的观点或感觉。而你也可以看出对方所关心、愿意讨论的重点在哪里。

平等是一切正常交往的基础，任何失去了平等为前提的情感关系都不可能获得正常的沟通方式和沟通效果。所以，我们必须真诚、尊重对方，真正把对方所说的话听进去，然后才能在互动的过程中恰当提出自己的见解。

（四）帮助别人更容易让人接纳

与人建立良好的关系，给人帮助是很重要的。这种帮助，不是简单地指金钱、物质上的帮助，更重要的是出于真心感情上的交流、精神上的慰藉，以及对痛苦的分担、对困难的解决。我们都有这样的体会，在你生病的时候，同学陪你去医院，或者在你学习上有困难的时候，有人帮你耐心地讲解，你对这个人的接纳程度将远远高于其他人。比如大学生社团的成员们之所以会相处得分外融洽，其中很重要的一点就是因为他们的社团所要完成的活动任务都需要相互帮助，或是登山时的相互牵引，或是越野时的相互鼓劲，或是散发爱心时的相互关爱。学会帮助人，将使你更容易与他人建立密切的联系。

“和你一同笑过的，你可以把他忘掉；和你一起哭过的，你却永远忘不掉。”（纪伯伦）帮助别人，锦上添花易，雪中送炭难，其基础还是一颗真诚的心。

（五）培养良好的个性品质

心理学家指出，第一次遇见他人，并不是对所有有关他的信息给予同样的关注，而是注意某些对他们来说最重要的或最有用的信息。那么，在首次遇见他人时，人们首先会注意对方什么，或者说，人们首先会注意对方哪种类型的信息。研究也表明，在大多数情况下，人们首先注意那些与他人性格特质、价值观以及原则有关的信息，然后才会关注那些与能力有关的信息。

心理学曾用555个描绘个性品质的形容词列成表格，让大学生按照喜欢程度顺序排列，结果如表5-1。

表5-1　个性品质喜恶排序结果（略表）

高度喜欢的品质	中性喜欢的品质	高度厌恶的品质
真诚	固执	古怪
诚实	刻板	不友好
忠诚	谨慎	饶舌
真实	追求完美	自私
可信	易变动	狭隘
聪慧	文静	粗鲁
可依赖	好冲动	自负
有头脑	好斗	贪婪
体贴	腼腆	不真诚
可靠	不明朗	不善良
热情	易激动	不可信
善良	羞怯	恶毒
友好	天真	令人讨厌
快乐	好动	不真实
不自私	空想	不诚实
幽默	追求物欲	冷酷

个性品质具有无与伦比的吸引力，而且这种吸引力持久、稳定、深刻。在其他方面一样的情况下，如果有诚实、正直、乐于助人、友好和善等品质，

那人们就会产生喜欢他的倾向。因此，在与他人第一次接触时，显示出我们的真诚、热心、与人为善等品质，也许比表明我们的才干更重要。

很多人都觉得，积极主动地付出友善真诚仅仅是讲如何对待别人，其实准确地说，友善真诚地待人更重要的是指如何善待自己。你待人以善意，别人以善意相报；你待人以真诚，别人以真情回馈。这也就是我们经常所说的，“将心比心”“以心换心”。

实验实训

交往技能团体心理训练

训练目标：

1. 形成积极的人际交往模式，开放自我，接纳他人，增进人际和谐。

2. 通过团体互动和支持，提升团体成员的沟通技巧，更加准确地体验和表达共情，促进人际沟通和信任的深度。

3. 强化团队成员间团结互助的意识，培养协作解决问题的能力。

（一）热身活动

1. 独家采访

步骤1：两人一组，互相采访，限时五分钟，采访姓名、星座、爱好、最快乐的一次体验等。

步骤2：一分钟简单介绍你的伙伴。

2. 快乐大转盘

步骤1：全体人员围成面对面内外两圈。

步骤2：讲清游戏规则：两人进行三轮“石头、剪刀、布和大拇指”出示，出“石头”表示希望与你点个头；出“剪刀”表示希望与你握握手；出“布”表示希望与你握手的同时，还要赞美你一句；伸出“大拇指”表示希望与你拥抱一下。双方出的手势相同，就做动作，不相同不做动作。

步骤3：三轮过后，换角色。

步骤4：分享活动的感受。

小结：希望对方先出“大拇指”：别人怎样对待我，我就怎样对待别人。结果你完全是被动的，你的一切情绪在不知不觉中完全受制于别人怎么待你。一个人怎样对你，反映着他的内心，你怎样对一个人，反映着你的内心，这叫投射。一个人怎样对你，可能是被你教会的。你怎样对一个人，可能是被他教会的，这叫认同。投射与认同，是人际关系中最重要的心理互动机制，是我们的内在关系模式相互影响的主要途径。

游戏中人们内心真实希望的最高礼节，就是与人相处的最高境界——人际交往的黄金法则：像希望别人怎样对你那样去对待别人。希望别人热情待我，我先主动热情待人；不希望别人这样待我，我也不要这样待人。

（二）沟通方式

目的：在人际沟通时注意双方的互动与回馈，只有彼此之间随时保持双向的交流，才能使大家的意见都得到重视，才算是成功的沟通。

步骤1：2人一组，两两背靠背坐。其中一人述说图上的几何图，另一个人按照听到的在白纸上绘图，除了可以要求述说的人再说一遍，不可以问任何问题。

步骤2：第二轮改换成双向沟通交流绘图。

步骤3：分享：

①当我们只能被迫单向交流时，是否感到不顺畅、焦虑和困难？为什么？

②即使是双向交流也会有人出错，这是为什么？

③读图者有哪些有效的表达？有哪些有待改进之处？

（三）盲人排队

目的：让学员体会沟通的方法有很多，当环境及条件受到限制时，你是怎样去改变自己的，用什么方法来解决问题。

步骤1：14～16人一组，大家戴上眼罩后，根据编号顺序排成一列纵队。

要求：10分钟时间，全过程都不能说话，只要有人说话或脱下眼罩，游戏即为失败。

步骤2：分享

①你是用什么方法来通知小组你的位置和号数？

②沟通中都遇到了什么问题，你是怎么解决这些问题的？你觉得还有什么更好的方法？

（四）善解人意

目的：学会通过他人的手势、表情、眼神、动作等非语言的形式理解他人，训练自己敏锐地观察他人感受的能力。

步骤1：同学分组，围成一个圆圈，闭上眼睛回忆一下这一周内生活的种种情绪感受，并在卡片上写出五种主要的情绪感受。大家的卡片放到一起，然后，每个人从中取出五张。每个人根据自己拿到的情绪感受，用手势、表情等种种身体语言来表达，其他成员猜一猜他的动作和表情所表达的感受是什么。被猜者回答他人的猜测是否准确，为什么。

步骤2：自己的表达被人猜中得一分，猜中别人的表达得一分，最后看谁得的分最多。

步骤3：分享体验。

回顾一下你与关系亲密的某人发生的最后一次争吵，你是否认为你对问题的看法清楚无误，而对方的看法是错误的，尽管你努力做到克制和忍让，但对方试图强迫你按照他或她的思路看问题。对方的看法是否与你一样？

如果你不会体谅他人、设身处地地为他人着想，那么你与他人建立有意义的关系将是非常困难的。设身处地地站在他人的立场上想问题，善于了解他人，体恤他人，这样做可以激发你对他人的爱、同情和理解，而这些情感是形成每一种重要的人际关系的核心。

（五）表达训练

目的：练习表达的技巧，互相给予信任，并互相接受。

步骤1：让所有的人站起来，讨论一个话题（例如异性之间是否有“友情”，男人与女人之间的区别等）。不过，在讨论的过程中，不能使用“我”“我的”这样的词语，如果用了，就必须坐下。

小结：这个小小的游戏能够让大家意识到自己在交谈过程中以自我为中心的倾向有多严重。要想在这个游戏中获胜或者要想做一个好的倾听者，唯一的办法就是利用开放式的问题鼓励他人表达自己的观点，把关注的中心放到他人身上。

步骤2：两人一组讨论，分两轮进行。第一轮：A方提出一个建议（例如，假期我们去某某地方，好好玩一下吧）；另一方B采用“好吧，但是……”这样的句式回答；然后A也用“好吧，但是……”这样的句式表达自己的意见。对话就按这种方式进行下去。1分钟后结束。

步骤3：第二轮：A用同样的假期建议开始这次谈话。但双方采用“好吧，而且……”这样的句式交流下去。（例如，“假期我们去某某地方，好好玩一下吧。”“好吧，而且我们要去一个从没有去过的对方。”“好吧，而且……”）一分钟后叫停。

步骤4：分享。

让大家互相之间采用“好吧，但是……”这样的句式进行对话，这种情景在现实生活中可能并不存在。但是在第一轮的过程中，你是否发现你的搭档有几次确实使你很生气？在第二轮中，又有什么不同呢？

在现实生活中，当你并不同意他人的观点时，要避免使用“但是”炸弹，学会使用“好吧，而且……”“不错，并且……”这样的句式作出反应。通过运用这个技巧，避免引起交流中的矛盾冲突，表达相互信任和尊重。

（六）欣赏与赞美

目的：发现并欣赏别人的优点，促进成员相互肯定和接纳。

步骤1：分成若干小组，成员轮流站在团体中央，其他人从各方面说出他的可赞赏之处。规则是：必须说优点，态度要诚恳，努力去发掘他人的长处。不能毫无根据地吹捧，这样会伤害别人。

步骤2：被赞美者说一个自己的缺点或不足，其他人要从中发现其中的正向或积极的方面。

步骤3：成员体验的感受。

（七）结束活动：信任之旅

目的：体验助人和被助的感觉，体会一下彼此之间的信任关系和依存关系。

步骤1：团体成员两人一组，一位做盲人，一位做帮助盲人的人，盲人蒙上眼睛，原地转三圈，暂时失去方向感，然后在帮助人的搀扶下，沿着指导者选定的路线，带领“盲人”绕室内外活动。其间不能有身体接触。

步骤2：互换角色，换一条路线返回。

步骤3：活动结束后两人坐下交流当“盲人”的感觉，与帮助别人的感觉，并在团体内交流。

体验感悟

1. 生活中你会经常与哪些人（如父母、兄弟姐妹、同学、室友、朋友、恋人）在沟通方面存在问题？设计一个用来改进沟通的策略，以解决现在的问题。最好有具体步骤：

2. 如何与自己不喜欢的人相处

为了和自己不喜欢的人相处，我们需要做一个持续21天的练习。

第一步：拿出一张空白纸，如下表写下对方的名字并画出一个"T形分析"表。

×××

缺点	优点
1.	1.
2.	2.
3.	3.
……	……

第二步：在左边"缺点"栏中，写下全部你不喜欢他（她）的理由，或他（她）身上全部的缺点。

第三步：从今天开始，你强迫自己每一天或每一次见到他（她）时，必须从他（她）身上找到一个或一个以上的优点，并写在右边"优点"栏中，这个过程要求持续21天或21次以上。这里，练习的关键就是"写"字，一定要写下来，不要试图偷懒，不能仅凭脑袋记忆，如果仅凭记忆行事，太容易使你半途而废。

第四步：如果你还有其他不喜欢而又必须与他（她）打交道的人，请重复第一至四步，直到他们全部都被"消灭"为止。

推荐书籍

[美]科里·弗洛伊德. 沟通的力量：成功人际交往12法. 北京：机械工业出版社，2011.

推荐理由：本书强调人际关系对沟通、生理和健康的影响，讲述21世纪企业里人际沟通的复杂和细微差别，充分反映了当代学生的多种经历和期望。本书涉及内容广泛，特别介绍了人际沟通中的阴暗面，IPC概念贯穿全书，包含大量基于不同人群的研究和实例。本书讲述了多种沟通故事，而不只简单介绍其中的某一种，这远胜于只告诉读者主流人群的沟通问题，而是告诉读者在人际沟通中除相信直觉的作用之外，还应该有更科学的方法。

第六章 让心灵充满阳光
——大学生的情绪管理

唯有恰如其分的感情才最容易为人们所接受、所珍惜。

——蒙田

情感智商高者，即能清醒了解并把握自己的情感，敏锐感受并有效反馈他人情绪变化的人，在生活的各个层面，无论是爱情、亲情甚或领悟组织机构中主宰个人沉浮的不成文游戏规则等方方面面都占尽优势。

——哈佛大学丹尼乐·戈尔曼教授

心灵成长

一、校园故事

一个刚上小学不久的女孩说："我会哭，还会回家告诉我妈妈。"一个小学三年级的男孩说："我会去睡觉，睡一觉就好了。"一个小学五年级的女生回答："我会和我的猫讲，我有什么不高兴的事，都会和它讲。"一个初中生说："我会写日记，诉说我的苦恼。"还有一个初中生说："我会找我的好朋友说，一吐为快。"一名高中男生说："我会去运动，在球场上拼命地奔跑。"这时，一名大学生的回答是："当我生气时，首先我不会哭（有泪不轻弹嘛），更不会告诉我妈妈（她是不会理解的），也不会去睡觉（对我来讲，睡觉摆脱不了烦恼），不会写日记（那都是过去的事了），我又是一个不爱运动的人，我也不会去和别人讲（万一传了出去，那岂不是让我更痛苦吗）……我想，我还是忍了吧，因为我碰到的不高兴的事太多了，我都是自己忍着。"

※※※

大家期待已久、练习多时的足球比赛还是以失败告终了，桃李苑某幢120寝室里愁云密布，气氛沉闷极了。要知道，这是毕业前参加的最后一场球赛了，本来大家约好卫冕冠军，把它作为毕业礼物送给学院。

小兵为此感到非常气愤，总觉得是因为裁判不公平，故意挑剔队里的球员。

小壮想起辛苦练习的过程，忍不住哭出了声。

大黑却很快接受了这个事实，因为在他看来，“胜败乃兵家常事”，这不过是大学里许多比赛中的一场罢了，况且对手也打得不错，嘿！这种与强手对决的感觉真不错。

小毛看到大家都很难过，感到浑身不自在，便开始安慰队员，希望以此舒缓弥漫在寝室的悲伤情绪。

※※※

车站旁有一家豆浆店生意兴隆，每天早上都有很多学生排队买豆浆。这一天，大二的小茜眼看着上课时间就要到了，总不能饿着肚子去上课吧。要知道，一上午5节课啊！她火速冲将过去。窗口那边排队等着几个要打包的顾客，眼瞅着时间一分一秒地过去了，小茜等得有点不耐烦了，就拨开人群冲到窗口连催三次，并且向一个服务员发牢骚：“凭什么先给打包带走的顾客准备啊？”服务员笑笑，说来吃饭的人实在太多了。

大约过了五分钟，一位服务员端着油条和豆浆给小茜送过来，一边放下一边说：“你再着急也得慢慢来啊，人家打包带走的顾客特别着急。”小茜毫不示弱地反驳道：“他们着急我上课就不着急啊？”服务员没再说什么转身就走了。

就在服务员转身的一刹那，只听“砰”的一声，很多客人被吓了一跳，只见小茜把装着油条的盘子朝桌上使劲一摔，油条和盘子散落一地……她气呼呼地走了，只留给店里的人们一个“雄赳赳气昂昂”的背影。

二、认识你的情绪

无论你是来自繁华的大都市，还是来自封闭落后的小山村；无论你是多么高富帅或白富美，还是多么家境平平或长相平平；无论你的学业多么优秀，还是被挂过多少门课程；无论你是爱情的幸运儿，还是饱受过失恋的痛苦等，只要你生活在大学校园里（其实，即使在校园外也一样），就都会遇到同样的问题——情绪困扰。大学生处于青春期的中后期阶段，具有青年人共有的热情、好胜、冲动、活泼，也有比较理性的自制和成熟的心态。但是，由于大学生是一个比较特殊的群体，其心理尚未完全成熟，高智商的紧张学习生活、同辈群体的竞争氛围、就业前景的不确定性等特点，遇到问题容易引起内心冲突，其情绪也表现出一些该群体的独特性：一方面，处于青春期的大学生情感最丰富、最强烈的时期，表现出热心、活泼、快乐、愉快、平静的情绪；另一方面，也是充满压力和冲突的时期，容易出现抑郁、焦虑、愤怒、紧张、沮丧、悲伤等情绪。

如何让自己在大学校园里开心地生活、愉快地学习，恐怕是每一位学子都想追求的境界。大学生正处于人生发展的黄金时期，思维活跃，内心充满激情，在生活中经常会因为种种事由使情绪跌宕起伏。有的同学特别不想有那些负面情绪，希望处处充满阳光，但是又很难做到。其实，情绪是一种最原始的体验，它伴随着人生而存在，可以说情绪是反映一个人内心世界的晴雨表。虽然情绪是与生俱来的，但是，恰当地管理好自己的情绪却是后天学习的结果。善于管理情绪可以推动人的各种活动，使我们有一个积极进取的人生，正是因为这样，我们才需要共同探讨这个核心的问题——情绪管理。

常言道："人非草木，孰能无情。"在成长的过程中，我们时而高兴万分，时而焦虑不安，时而悲痛欲绝，时而怒气冲天，时而又百感交集……复杂多变的情绪体验如同天空的七色彩虹，使我们的生活如此丰富多彩、真切可感，充满着人生的酸甜苦辣。可见，情绪是人类心理现象中最丰富多彩的一个组成部分，试想一下，如果你可以思考和活动，但没有感觉，生活将会怎样？你是否想不再体验悲伤的感觉，但同时也不得不失去与恋人热吻时激情的能力？你是否乐意以快乐为代价而远离郁闷？显然这些都不是我们愿意选择的，因为喜、怒、哀、惧、爱、恶等感觉像调色剂一样赋予我们生活各种色彩，如果一个人的生活没有任何情绪波动，一切都完全由理性支配，那么这个人跟"草木"又有什么区别呢？

你是否有这样的体验：在情绪良好时思路开阔、思维敏捷，学习和工作效率高？而在情绪低落或郁闷时，则思路阻塞，操作迟缓，学习工作效率低？当你对某人、某事、某物产生强烈的爱或恨的情感时，你的认知和行为都会有所改变？如常说的"情人眼里出西施""爱屋及乌"，你有过这种经历吗？

故事中，服务员对小茜的怠慢情有可原也好，不应该也罢，都不重要了，小茜是饿着肚子走的，估计再叫别的东西也没有什么胃口了，因为那可怜的胃已经被一包气塞满了，无意中小茜给自己制造了一个困境，让自己深陷其中，痛苦不已，如果用心理学中的"踢猫效应"来推理，小茜一天的心情会怎样呢？

现代心理学、医学和生理学的研究成果表明，情绪对人的身心健康具有直接作用。首先，不良情绪危害人的身心健康。不良情绪有两种：一是过度的情绪反应;二是持久性的消极情绪。过度的情绪反应是指情绪反应过分强烈,超过了一定的限度,如狂喜、暴怒、悲痛欲绝、激动不已等。持久性的消极情绪是指在引起悲、忧、恐、惊、怒等消极情绪的因素消失后,仍数日、数周甚至数月沉浸在消极状态中不能自拔。目前,大量的实验研究和临床观察都已证明:不良情绪会危害人的身心健康。一方面,这种情绪的出现可使人的整个心理活动失去平衡;另一方面,会造成生理机制的紊乱,从而导致各种躯体疾病。其次,良好情绪能促进身心健康。欢乐、愉快、开心、喜悦等都是积极良好的情绪体验。良好的情绪能增强机体的活力,从而提高免疫力。心情愉快还会改变一个人的青春容貌,使人容光焕发、神采飞扬,正所谓"人逢喜事精神爽"。同学们,你们观察身边的同学看看,凡事想得开会排解的人与整天抑郁烦闷的人比较下他们的面部表情,写下你的观察心得并与同学们进行交流。

情绪的合理表达有助于排解不良情绪。在我们的心目中,住了许多朋友,有喜、怒、哀、乐……你允许它们都住在自己的心中吗?你是否将它们紧紧锁在心中的盒子里,不愿意或者害怕让人觉察到它们的存在?还是给它们充分的自由,让它们尽情地展现自己、表达自己呢?上述案例中的小茜她没有做到及时地表达和处理,导致了情绪问题的产生。我们的心理承受能力是有限度的,当心理承载不了这些负性情绪时了又采用了一种错误的行为方式来表达情绪(吃东西,不愿与人交往)。表达情绪可以让别人更了解你,也可以缓解你的压力,使身体健康。

我们很多人不知道如何表达情绪,因此选择储存感受,而不直接处理它,导致了许多不良的后果。我们每个人常常会面临一些负性事件,一般人都会立即发一顿小脾气、骂一骂人,这无可厚非,但有些人总是害怕或者恐惧立即表达情绪。

如果每次都不能立即处理这种情绪,有一天超过你的心理承受能力的极限,你就会爆发出来,如云南大学的马加爵残忍地杀害了他的同学,主要原因并不是为打牌这样的小事,也不是为了获取享受而犯罪,而是为了表达,为了发泄某种情绪而犯罪。所以说,学习及时处理情绪是非常重要的,一感受到某种情绪,就要适当地将它表达出来,让自己能宣泄掉这种情绪的紧张,也才能更积极、更直接地处理问题。

情绪的体验过程具有显著的个体差异性。个体在面对同样的事物所产生的情绪体验时有可能完全不同,面对同样的事物,如果事先个体对它的期望不同,那么个体产生的情绪体验也有可能完全不同。桃李苑某幢 120 寝室四位同学面对同样的比赛结果，有着“卫冕冠军，把它作为毕业礼物送给学院”这种期望的学生，他们获得的是痛苦和愤怒的情绪体验，而有着“胜败乃兵家常事，况且对手也打得不错，与强手对决的感觉真不错，只不过是大学里许多比赛中的一场罢了”这种想法的学生，获得的是快乐的情绪体验。不同的态度(心态)会让我们对同一事物产生截然相反的情绪体验。同样是半杯水，心态积极的人会认为幸好还有半杯水而产生一种快乐的情绪体验，而持消极心态的人会因为只有半杯水而产生痛苦的情绪体验。如果你是120寝室的成员，你会用什么样的心态去看待比赛结果呢？

非洲草原上的牧民们经常会不费力地收获到野马肉，这是一种毫不起眼的小动物所赠。这种动物叫作吸血蝙蝠，它的身体非常小，依靠吸食动物的血来生存，并因此而得名。就是这种不引人注目的小动物，恰恰是野马的天敌。它在攻击野马的时候，经常附在马腿上，用锋利的牙齿十分敏捷地刺破野马的腿，然后开始用尖尖的嘴去吸血。

受到这种外来攻击后，野马立刻就开始狂蹦乱跳、一路飞奔起来，可是这种吸血蝙蝠却能从容地吸附在它的身上，或者落在它的头上，让它始终无法摆脱，直到吃饱喝足鲜血之后才满意地离开。而野马却往往在狂奔和流血中死去。

对于这种现象，动物学家感到非常诧异。他们一致认为这种吸血蝙蝠所吸的血量是微不足道的，远不会让野马丧命，那到底是什么造成野马死亡的呢？其实，造成野马死亡的真正原因，是野马暴怒的情绪。

医学家与心理学家们曾用狗做过嫉妒情绪实验：他们将一只十分饥饿的狗关进铁笼里，让另外一只狗在笼子外当着它的面啃肉骨头，笼中狗在急躁、气愤与嫉妒的情绪状态下，产生了一种神经性的病态反应……这些发现与实验让我们明白，负面情绪都是一种破坏性情绪，长时间被这些情绪所困扰和笼罩，就会发生身心疾病。当然，人也不例外，对于人生无论是身处顺境还是遭受挫折，都需要了解情绪和不良情绪对我们的影响，学会有效应对不良情绪的技巧。而情绪应对是一个学习的过程，许多人因为认知方式和对现实生活的期望，试图消除或压抑情绪，而不是管理、调节情绪，结果情绪的消极体验不会消失，反而给身心造成损害。有了不舒服的感觉，要勇敢面对，仔细想想，为什么这么难过、生气？我可以怎么做？怎样减少我的不愉快？这么做会不会带来更大的伤害？根据这几个角度去选择适合自己且能有效疏解情绪的方式，你就能够管理情绪，做自己情绪的主人。

心理视点

情绪像“安保系统”，当我们的身心受到威胁就发出相应的“警报”信号；情绪像是“发电机”，可以产生“能量”；情绪还像一块“编织的彩毯”，你喜欢用哪种色彩，编织着不同的生活；情绪还具有“化学作用”，人际交往中，不同的情绪交织在一起，会产生不同的关系。

一、情绪的特征与表现

在日常生活中，我们生活、学习、人际交往，都伴随着一定的情绪状态。从一般意义上讲，情绪是内心的感受经由身体表现出来的状态，是人对客观事物的态度体验及相应的行为反应。

根据情绪的强度和持续状况，心理学家把情绪分为心境、激情和应激三类。

心境是一种比较微弱而又持久不散的情绪状态，具有弥漫性的特点。在舒畅的心情下，觉得花草树木都在“微笑”“点头”，惹人喜爱；沉浸在忧伤和郁闷的心境中，做什么事都觉得枯燥乏味、无精打采。

心境不强烈，没有明显的生理和外部行为的过激反应，往往容易被人忽视。但是，心境可以弥漫于人的整个意识领域当中，持续的时间又较长，对人的生活感受、工作学习效能、身心健康都有一定影响。

激情是一种强烈、短暂、具有爆发性和冲动性的情绪状态。激情区别于心境的一个重要特点是，人处于激情状态时有明显的生理和外部行为变化，激情状态下往往出现意识“狭窄”现象，认识活动的范围缩小，理智分析能力受到限制，自我控制能力减弱，进而使人的行为失去控制，甚至出现一些鲁莽的行为或动作。

应激是由于出乎意料的紧张或危急情景所引起的情绪状态。如乘坐的飞机在途中突然发生故障；回到家中发现大笔财产被盗；多年的恋人突然离去；等等。这些情况都会迫使您必须调动全部的心理能力和身体能量去对付，处理困境。

应激往往有两种极端的表现：一种是惊慌失措、目瞪口呆；另一种是急中生智，力量剧增。由于在应激状态中，身体的生理活动急剧加速，能量消耗很大，所以如果长期处于应激状态，人的体能会衰竭，导致神经系统失调。

如何对付和防范应激，提高适应环境和处理事务的能力，就成了一个值得关注的问题。这就是目前热门的危机干预研究。

有足够能力应对危机事件的人并不出现身心严重损害的情况，应激状态反而会帮助他们全力以赴渡过难关；只有当个人意识到自身的能力不足以应付环境时，才会造成严重的身心损害，因而，对情绪“度”的把握是情绪管理和调整的关键。

情绪不只是为了让我们的精神生活变得更加丰富多彩，情绪具有适应性功能，它帮助我们对重要的情境作出反应，并帮助我们向他人传达我们的意图。

1. 适应功能。无论是人还是动物，情绪都是一种唤起状态，这种唤起状态能帮助生物体应对各种情境，也是人类早期赖以生存的手段。婴儿出生时，主要依赖情绪来传递信息，与成人进行交流，得到成人的抚养。成人也正是通过婴儿的情绪反应，及时为婴儿提供各种生活条件。在成人的生活里，情绪直接地反映着人们生存的状况，如通过愉快表示处境良好，通过痛苦表示处境困难；人们还通过情绪、情感进行社会适应，如用微笑表示友好；通过观察了解对方的情绪状况，以便采取相应的措施；等等。也就是说，通过各种情绪情感，了解自身或他人的处境，适应社会的需要，求得更好的生存和发展。

2. 激励功能。情绪是动机系统的一个基本成分，它能够激励人的活动，提高人的活动效率。想象一下，如果你爱上一个人，会怎么样？你会想尽办法吸引那个他(她)，你会克服困难去接近他(她)，你会牺牲自己的生活去帮助他(她)，你也会尽己所能地保护他(她)。可以看出，情绪实际上成为行为的原动力，适度的情绪兴奋，可以使身心处于活动的最佳状态，进而推动人们有效地完成工作任务，研究表明，适度地紧张和焦虑能促使人积极地思考和解决问题。

3. 信号功能。情绪和情感在人际间具有传递信息、沟通思想的功能，这种功能是通过情绪的外部表现来实现的。表情是思想的信号，通过表情可以在人际交往场合来传递信息，如微笑表示赞赏，点头表示认同；可以帮助我们确切地理解别人的意图，如当你觉察到交谈对象皱眉的表情或不停地看表和心不在焉的神态时，你是否意识到该终止你们的谈话了？或需要改变你的谈话内容和方式？如果你知趣，你的反应会是得当的，也会给对方留下良好的印象。

(一)大学生情绪的特点

大学生处于青春期的中后期和成年早期阶段，是情绪成熟和发展的重要阶段。总体来讲，大学生的情绪表现出一些该群体的鲜明特征。

1. 情绪独立性与依赖性并存。现代大学生自我意识大多很强，自主感和自尊心也有很大提高。一方面，他们渴望独立生活，希望家庭、社会承认并相信他们的独立生活能力；另一方面，由于受社会经验和认识习惯的局限，还无法完全依靠自己的力量来处理学习与生活中的一系列复杂问题，对家庭和学校有明显的依赖性。这种依赖性与独立性并存的特点，常使大学生产生强烈的情绪冲突。同时，青年学生精力充沛，想象力与创造力丰富，正处于人生最富有理想的时期。然而，理想与现实总是存在着一定距离，当理想在现实中受挫时，许多学生就会表现出强烈的情绪冲突。

2. 情绪冲动性与理智性并存。大学生有着丰富而复杂的感情世界，情绪体验强烈，喜怒哀乐常常一触即发，表现出热情奔放的冲动性特点。心理学家霍尔用“狂风暴雨”来形容这一时期青年人的情绪特征，其特点是动摇的、起伏的，带有很大的冲动性。同时，大学生也积累了丰富的经验面对自身“狂风暴雨”式的情绪变化，他们可以动用自我意识和理智来有效地调整。

3. 情绪阶段性和层次性并存。同年级的大学生由于学习任务、自我期望、所处环境不同而表现出不同的情绪特点。新生主要面临的问题是环境的适应、学习方法的适应，对一切充满好奇，也会因现实环境及自我期望值而失望、迷茫。中年级的学生经过一年以上的适应期，大部分逐渐适应和接受了大学生活，情绪相对平稳，但也面临专业学习难度的加大、恋爱的进行、社团活动的参与等，也会出现一些沮丧、悲伤、自卑等情绪。高年级大学生面临毕业、就业择业、论文撰写或情感的处理等，压力感比较强烈，情绪波动会比较大。

（二）大学生情绪困扰的主要表现

情绪困扰是一种心理状态，是个体由于受到外界事物、事件等客观环境的影响或个体内部发生矛盾、冲突而又无法及时有效解决而产生的一种负面的、消极的情绪体验。根据近年部分高校调研表明，约有 20％～25％的大学生存在不同程度的心理障碍，大学生由于存在学业、就业的压力，更容易在心理上产生持久的消极情绪体验，其主要表现形式有以下六类：

1. 自卑情绪。在心理学上，自卑是一种消极的心理状态，即一个人对自己的能力、品质等作出偏低的评价，总觉得自己不如人、悲观失望、丧失信心等。尤其是当大学生意识到自己在学习、特长、衣着方面显露出某些不足时，就会陷入怀疑自己、否定自己的情绪之中，从而产生自卑感。大学生的自卑心理往往表现为两种不同的极端：一是否定自己，在各种竞争活动中退

活力，改变参与者的生理状态，使其情绪兴奋，对课程充满期待；在短时间内提升指导者的亲和力，拉近与对象之间的心理距离。

步骤1：培训师告诉大家：为了让学习的过程充满乐趣，而又能始终精神饱满，下面请所有人一起来玩一个集体按摩的游戏。

步骤2：这时候音乐放起来（钢琴曲），请大家全体起立、出列、向右转。每列站在最前面的人，一起拍手，后面的人依次把手放到前面人的太阳穴上，开始按摩。

步骤3：按摩的顺序为太阳穴、耳朵、肩膀、背部、腰部。

步骤4：全部按摩完毕之后，培训师说"付出终会有回报"，然后让所有人向后转，将第一遍的按摩再做一遍。

步骤5：在按摩的过程中，听众听培训师的口令，按顺序进行。

2. 人之初识

活动目的：拓展相识面，扩大交往圈子，促进个体互相认识；调动愉快的情绪，找到许多共同语言，拉近同学间距离。

步骤1：两两相识。指导者先让团体成员在房间里自由漫步，给一定的时间让成员自然相遇，随机结成两人一组，各自作自我介绍。介绍的内容包括：姓名、所属学院、来自哪里、性格特点、个人兴趣爱好、家庭情况，以及个人愿意让对方了解的有关自我的资料。当对方自我介绍时，倾听者要全身心地投入，通过语言与非语言的观察，尽可能多地了解对方。

步骤2：滚雪球。经过自我介绍的两个组合并成4人小组，每位成员将自己刚才认识的朋友介绍给另外两位新朋友。两个4人小组合并成8人组，每人用一句话介绍自己。如图6-1所示：A向C和D介绍B，然后4人一起自由交谈几分钟。

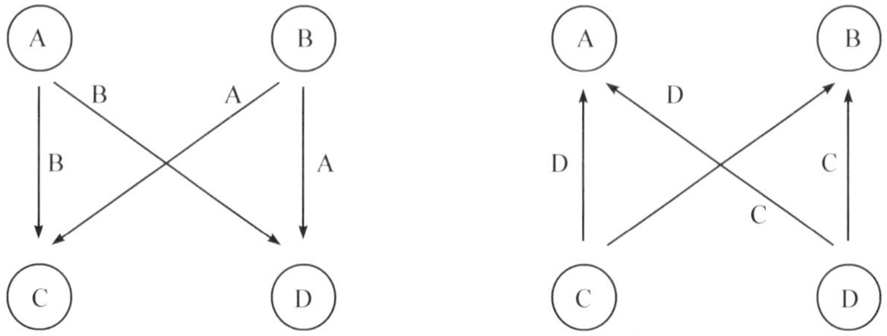

图6-1　他者介绍（4人组）

（二）棒打“薄情郎”

活动目的：抽查成员对本小组队员的基本了解情况，巩固成员间的友谊。

材料：报纸卷成的棒槌（或一个充气的塑料榔头）

步骤1：所有成员按小组排列围成一个大圈就座，先搞清楚坐在两旁人的名字。

步骤2：由其中一人开始，说自己的名字两次，然后再叫另一人的名字。

步骤3：被叫到名字成员左右的两位成员立即站起来，并鼓掌向被叫者致意，如未及时站起来，就由该成员用榔头敲打“薄情郎”。

步骤4：接着再由被叫到的人接着叫别人的名字直到有人做错或做错三次。如，可以先由小组全部的人围成圈自我介绍或直呼自己名字2次再开始这个游戏。

（三）我演你猜

活动目的：通过角色扮演，使学生体验到他人的感受，强化对别人情绪的关注，从而更好地管理自己的情绪；通过活动，让学生了解情绪的类别及健康情绪。

步骤1：教师准备六张“情绪卡片”，卡片上分别写上“喜、怒、哀、惧、爱、恶（厌恶）”。

步骤2：让自愿上台的学生随机抽出一张卡片，用面部表情、肢体动作等非语言信息表达卡片上所写的情绪，表演过程中不能说话。其他人观察、识别表演者到底处在什么情绪状态，要表达什么情绪。

步骤3：请出六位同学表演六张“情绪卡片”上所写的内容。

步骤4：组织学生讨论：“情绪有好坏之分吗？为什么？”学生交流并请代表发言。

步骤5：教师总结：了解和辨识情绪，才能使我们掌握各种情绪所传递的信息，有效解决真正的问题。情绪没有好、坏之分，关键要表现适当。一些消极情绪只要表现恰当也是有益的，例如我们考试成绩不如意时产生了羞愧、内疚的情绪，有助于我们重视学习奋起直追。

（四）我的情绪反应

活动目的：让学生学会觉察自己的情绪，了解情绪对自身的影响，明白学会管理自己情绪的必要性。

步骤1：回忆当自己很快乐、生气、悲伤时会否产生一些生理的感觉？请记录下来。这些情绪会对自己产生什么影响?

步骤2:小组内交流分享。

步骤3:每个小组在交流基础上选取一些素材排成小品,自编自导自演一出5~10分钟小品,要反映引发情绪的事件、情绪的外在表现以及情绪对个体的影响。

(五)心理剧

活动目的:通过小组成员的角色扮演,使成员感受到团体的力量,由团体成员共同来参与问题的解决。

步骤1:要求选出一名组织者带领大家完成任务,10分钟讨论,20分钟排练,所有成员都要参与演出,演出内容要反映一个校园问题或校园热点或理想人生等。

步骤2:由小组成员讨论各自提出的问题中比较集中的部分,确定主题,进行各成员角色扮演,在规定的时间内演出小组心理剧。

步骤3:要求每个成员必须参与心理剧角色的演出,通过心理剧扮演,让成员在参与问题的提出和齐心协力解决的过程中体会团体的力量。

步骤4:分享:团体成员分享演出感受,由小组代表进行总结发言。

注意事项:在团体成员进行心理剧角色扮演过程中,指导者应避免强调问题解决的失败,而应引导团体帮助成员,并引导成员尽量投入角色中。选部分小组表演并要求学生在表演后作简单点评。

步骤5:教师小结

(1)当我们发生情绪时,不仅外部有不同的表情、动作,身体内部也会发生一些生理变化。

(2)心理学家通过实验手段研究证实,与心理有关的生理变化主要有以下几方面:循环系统的变化、呼吸系统的变化、腺体的变化、肌肉的变化。此外,情绪还会引起脑电波和皮肤电阻的变化。心理与生理变化之间并非是单向的关系,它们之间存在双向的作用。不仅心态的变化可以引起生理的变化,而且生理活动的变化也可以影响情绪的变化。生理的疾病只是损伤人的肌体,而心理状态不仅影响人的生理状态,甚至可以说影响到人一生的成功与幸福,简单技巧重复使用就是灿烂人生。

(3)情绪对我们的影响主要有以下几方面(教师要列举若干个生动的实例和实验以深化学生的理解,可参考理论部分及学生用书的资料):影响身体健康;影响理智和正常水平的发挥;影响人际关系。

（六）情绪表达

活动目的：让学生掌握与人分享负面情绪的表达方式，避免采用责备、抱怨的方式表达自己的情绪。

步骤1：角色扮演。安排学生排演一个因为不能恰当表达负面情绪而造成人际冲突的情景。

步骤2：讨论：为什么会发生冲突？冲突的结果对双方造成怎样的影响？是否需要向对方表达自己的负面情绪？怎样表达？

建议：产生负面情绪，延迟一分钟再表达，并力求站在对方的角度考虑下对方的感受。

步骤3：正面情绪的表达：让学生掌握与人分享正面情绪的表达方式，与他人进行情感交流，增进良好关系。

步骤4：分享。

（七）情绪管理

活动目的：通过角色扮演，能辨认各种情绪并了解它发生的原因，知道各种情绪反应对身心行为的影响，并学习控制情绪、发泄情绪的正确方法。

活动准备：准备好角色扮演用的题目、个案和誓词；桌椅安排成几个小组讨论的形式。

步骤1：设情景

（1）有人搬弄是非，挑拨你和好朋友的关系。

（2）有个同学告诉你，放学后他要找几个人来揍你一顿。

（3）当你在寝室里睡得正香时，厕所里哗哗的流水声吵醒了你。

（4）你在逛街时，钱包被小偷偷走了，里面有身份证、银行卡、校园一卡通等。

（5）你在公共汽车上被人踩了一脚。

（6）同学们喊你的绰号。

（7）在某次考试中你获得了第一。

步骤2：讨论

（1）在碰到以上各情景时，你会有何种情绪产生？你如果有不适当的情绪反应，会有什么结果？（每组讨论一个情绪）

（2）能就自己在日常生活中因不适当的情绪反应造成不良后果的情形举例吗？

步骤3：根据各组讨论的情景进行角色扮演

步骤 4:大家逐个观看并进行评论

步骤 5:结束语

同学们,当你碰到困难时,可能会一时情绪低落,但我相信大家一定能尽快适应并调整好。请大家和我一起满怀激情地朗读一段誓词:

我与其逃避现实,不如笑对人生。

我有明确的奋斗目标,决不放弃!

我将百折不挠,主动迎接困难!

我必须勤奋学习,提高效率,珍惜时间!

我要积极行动,勇敢实践!

我乐观、自信、自强!

我将不断超越自我,走向辉煌!

(指导者领一遍,团体成员读两遍,达到暗示作用。)

(八)结束活动

1. 我的心声

目的:让成员学会倾诉心声,与他人分享感受。

步骤 1:小组内每人与大家交换自己的感受,通过本次活动有何收获,分享自己的期望与感受。

步骤 2:由每个小组的小组长代表发言,小组间交换心声。

注意事项:活动中指导者不要过于关注情绪紧张的团体成员,任其自然,让每位成员尽量放松地参与活动。

2. 大团圆

目的:通过身体的接触带来温暖和力量,使成员在结束前更实在地肯定团体的团结,体验在一起的感受,获得支持与信心。

步骤 1:在团体最后一次活动结束时,指导者请大家站立,围成圆圈,将两手搭在两侧成员的肩上,聚拢静默 30 秒。然后轻轻地哼唱大家共同熟悉的歌曲,并随着歌曲旋律,自由摇摆。如《同一首歌》《阳光总在风雨后》《相逢是首歌》,尽量找大家会的,全部投入,一首接一首,使全体成员在一个充满温馨甜蜜而有内聚力的情景中告别团体,走向生活,留下一个永远的、美好的、极有象征性的、难忘的记忆。

体验感悟

乡村有一对清贫的老夫妇,有一天他们想把家中唯一值点钱的一匹马拉到市场上去换点更有用的东西。老头子牵着马去赶集了，他先与人换得一条母牛，又用母牛去换了一头羊，再用羊换来一只肥鹅，又由鹅换了母鸡，最后用母鸡换了别人的一大袋烂苹果。在每一次交换中，他倒真还是想给老伴一个惊喜。当他扛着大袋子来一家小酒店歇息时，遇上两个英国人，闲聊中他谈了自己赶集的经过，两个英国人听得哈哈大笑，说他回去准得挨老婆子一顿揍。老头子坚称绝对不会，英国人就用一袋金币打赌，如果他回家竟未受老伴任何责罚，金币就算输给他了。三人于是一起回到老头子家中。你猜结果如何？

老太婆见老头子回来了，非常高兴，又是给他拧毛巾擦脸又是端水解渴，听老头子讲赶集的经过。他毫不隐瞒，把自己换东西的全过程一五一十地从头说到尾。老太太每听老头子讲到用一种东西换了另一种东西，她竟十分激动地说：

"哦，我们有牛奶了。"

"哦，鹅毛多漂亮！"

"哦，我们有鸡蛋吃了！"

最后听到老头子背回一袋已开始腐烂的苹果时，她同样不愠不恼，大声说："我们今晚就可吃到苹果馅饼了！"……

两个英国人看得目瞪口呆，不用说，英国人就这样输掉了一袋金币。

同学们，请你们运用学到的知识分析人物的心理状态、情绪表现、内心认识，并互相交流。

1. 情绪体检有一些特殊的地方，它不像健康体检一样需要专业医生，我们每个人都可以做自己的情绪医生。让我们试试给情绪做一次全面体检。

时间________________

情绪状况________________

原因________________

直接导致结果________________

这种情绪对吗？________________

我为此失去了什么？________________

下次应该怎么做？________________

2. 好心情是可以"爱"出来的，请你做以下"爱"的功课。

你对爱的定义是________________

想一想，你爱自己与爱他人的能力，以及你在原生家庭中是怎样获得爱的信息，并受其影响的？________________

我爱我，因为我有下列十条以上的可爱之处：

____

____

____

____

____

____

____

____

每天抽几分钟时间，以感恩之心欣赏镜中的自己，如同欣赏一个优秀的知心朋友，对着镜中的你甜甜地微笑。这样做过之后，你的体会是：________

____

3. 回忆你印象深刻的一次负面情绪体验，分析自己在体验过程中的感受和处理方式，与“情绪”来一次对话。

如何描述自己的情绪？________________________

是什么人(事)让我有这样的感受？________________

原因是什么？________________________________

我的情绪与事实成正比吗？____________________

这些情绪与过去的经历有关吗？________________

我允许自己有这样的情绪吗？__________________

如果不能，那又是为什么？____________________

____

4. 情绪稳定性测验

下面有 30 道题，请根据自己的实际情况，作出回答。符合的，则把该问题后面的“是”圈起来；难以回答的，则把“?”圈起来；不符合的，则把“否”圈起来。做这个测验不必思考，要在不到 10 分钟左右的时间内完成，每题只能选择一个答案。

(1)我从未患过梦游症(即睡着时起来走路)。　是　?　否

(2)我从未因病而休假半年以上时间。　是　?　否

(3)如果在工作时有人跑来打扰我，我就会很恼火。　是　?　否

(4)我几乎每天都会遇到一些难以处理的事情。　是　?　否

(5)在最近一次学习新知识或技巧时，我感到很有信心。　是　?　否

(6)我时常会被一些事情所激怒。 是 ? 否

(7)若是遭到别人侮辱，我的心里将久久不能平息，过了好多天仍不能忘记。 是 ? 否

(8)我感到自己的生活是丰富的，并不单调。 是 ? 否

(9)通常我很容易入睡，并且睡得很好。 是 ? 否

(10)我是个容易害羞的人。 是 ? 否

(11)即便知道有人恨我，我也不放在心上。 是 ? 否

(12)我有时会莫名其妙地感到欢乐或悲哀。 是 ? 否

(13)我常常在应当着手做书面工作时，沉浸在幻想之中。 是 ? 否

(14)最近 5 年来我从未做过噩梦。 是 ? 否

(15)我在搭电梯、穿马路或站在高处时会感到恐惧。 是 ? 否

(16)遇到紧急事情时，我总能冷静地处理好。 是 ? 否

(17)在日常生活中我是个感情用事的人。 是 ? 否

(18)我很少担心自己的健康问题。 是 ? 否

(19)我清楚地记得去年有哪些人经常给我造成麻烦。 是 ? 否

(20)读书阶段，如果没有家庭作业和考试，我就不会主动去学习。 是 ? 否

(21)最近 5 年内，我在工作和学习时，从来没有感到空虚茫然。 是 ? 否

(22)在过去 1 年中我遇到了 3 个以上对我不友好的人。 是 ? 否

(23)在我的一生中，我能够达到我所希望的目标。 是 ? 否

(24)看到别人做出怪异的行为，我总是难以忍受。 是 ? 否

(25)自然是荒唐的，我从未动过自杀的念头。 是 ? 否

(26)我常常感到不快乐。 是 ? 否

(27)这两年我从未泻过肚子。 是 ? 否

(28)通常情况下，我很有自信心。 是 ? 否

(29)我完全有理由相信自己有办法像多数人一样轻松地处理日常生活事务。 是 ? 否

(30)最近一个月里，我几次服用镇静剂或安眠药。 是 ? 否

计分方法：每圈一个“是”计 2 分，每圈一个“?”计 1 分，每圈一个“否”不得分。将你在各题上的分数相加，算出总分。根据总分来查下面的评分表(见表 6-1)，就可以知道你情绪的稳定程度。

表 6-1　评分表

总分	情绪稳定性	行为特征
0～11	不稳定	情绪过敏，内心困扰，心境波动大
12～23	不大稳定	情绪经常波动，内心有困扰
24～36	中等	介于情绪过敏与情绪稳定之间
37～48	较稳定	情绪很少波动，有较稳定的态度和行动
49～60	很稳定	稳重、成熟、自信、理智、镇定

推荐书籍

1. 朱彤. 如何掌控自己的情绪和生活. 北京：金城出版社，2007.

推荐理由：情绪像双刃剑，它既可能成为我们的朋友，也可能成为我们的敌人。或者说它像一匹马，如果不了解它的习性，它可能会把你摔下；但如果你掌握了它的习性，它会带着你跑得更快！本书就是要教给你怎样摸清情绪的规律，更好地掌控自己的情绪，并进而掌控自己的生活。通过阅读本书，我们会发现：好情绪带来最佳竞技状态；冲动是魔鬼；如何避免冲突升级；沟通的真正目的；避开可能伤害你的人；适应能力是生存的重要能力；排除沉没成本的干扰；从思想模式到行动模式的转变；暗示的力量；体察他人情绪的能力；表情中的情绪密码；把握别人情绪，实现心理操纵……

2. 华君. 谁偷走了你的快乐. 北京：华文出版社，2005.

推荐理由：一杯咖啡，一缕阳光，一本好书，一份闲情。淡淡清香，柔柔音乐，心灵地带，放牧灵魂，耕耘智慧。幸福、安宁、快乐、愉悦，用心去慢慢品味：你为什么不快乐；别让小事烦了你的心；对生活敞开心扉；幸福其实很简单；好心情，好人生；多给自己点爱心；都是嫉妒惹的祸……一种阅读生命的享受，在书香里跳跃。犹如一盏航灯，帮助你了解心灵万象，引领你绕开重重暗礁，也为你梳理放飞心灵后疲惫的翅膀！“心灵咖啡”，直指心灵的内容，为你梳理过去，指导现在，昭示未来。

第七章　爱是生产爱的能力
——大学生恋爱心理

爱是深深的理解和接受。

——卡尔·罗杰斯

心灵成长

一、校园故事

家俊，男，22岁，大三学生。“到了大学，脑海里总是出现一些新的事情，没接触过爱情的我们，迫切渴望接触爱情，渴望让人去疼爱，或者说是在偶像剧里看到很多那么贤惠的女朋友形象，内心深处也想拥有一个。大一时，因为单身，想告别光棍，在光棍节和一个女生表白，其实就是发几条短信，因为很怕面对面拒绝。可是结果还是被拒绝了，对方只愿意和我做朋友。到了大三，我还是光棍，女孩子们拒绝我可能是认为我性格轻浮，随意表白。我认识了许多女生，关系都不错，几乎向每个关系不错的都表白过。我为此而感到很苦恼，希望有人教教我如何才能找到适合自己的一个女生呢。”

杰希，女，21岁，大二学生。“我在2006年2月和男友开始交往，但是觉得自己并不喜欢男友，只是同情对方。2007年1月底，寒假没有回家，在男友的劝说下，和其发生了性关系，事后很后悔。开学后经过反复思考，明白自己其实并不爱男友，故于3月初选择了分手。但是因为已经与对方发生性关系，所以现在内心很纠结，也很害怕，觉得自己很脆弱，做了错事。尽管十分自责与男友发生性关系，然而当时确实不知道怎么样拒绝对方提出的性要求。每天我的内心都被悔恨与困惑交织，故来求助。”

恋爱与性是处于青春期的大学生不可回避的两大问题。德国伟大的诗人歌德曾经说过：“哪个男子不钟情，哪个少女不怀春？”大学生的校园爱情因其特殊的环境氛围以及特定的年龄阶段，具有很多自身独特的方面。就像是上述案例中的男女大学生，有时候会陷入对爱情的迷茫以及对性的懵懂之中。什么是爱情？怎样表达爱情？怎样处理爱情与性的关系？一系列的问题贯穿起他们整个后青春期时代。案例中的家俊就是因为错误地把“告别光棍”作为寻找爱情的动机，所以给女孩留下了“表白随意”的印象，反而一直单身。而案例中的那位女生则是因为错把同情当作爱情，并且对爱情与性的关系把握不清楚而为日后的痛苦埋下隐患。案例中的男女大学生其实是很多大学生的缩影，他们自身既对爱情急切渴望，但又缺乏对爱情的正确理解，更加困惑怎样处理爱与性的关系。事实上，目前在校大学生存在的关于恋爱与性心理的问题已经日益突显，由于恋爱关系的不当处理而引发的悲剧事件也逐年增加，这些都让我们意识到培养大学生健康的恋爱心理与行为已经迫在眉睫。

二、恋爱的心理效应

第一，难以作出抉择的“大麦穗”心理。有一天，柏拉图问老师苏格拉底什么是爱情。导师让他先到麦田里去，摘一棵全麦田里最大最金黄的麦穗来，其间只能摘一次，并且只能往前走，不能回头。

柏拉图于是按照老师说的去做了。结果他两手空空地走出了田地。老师问他为什么摘不到，他说：因为只能摘一次，又不能走回头路，其间即使见到最大最金黄的，总认为前面会有更好的，所以没有摘；走到后面时，发觉还不如之前见到的好，原来最大最金黄的麦穗早已错过了；于是我什么也没摘。老师说：这就是“爱情”。

处于恋爱黄金季节的男女，往往就是因为这种“大麦穗”心理，寻寻觅觅望穿秋水，却总是不能决定哪个“麦穗”更大更金黄，结果在犹豫中错过了许多时机。

第二，“情人眼里出西施”的结晶效应。西施效应可以说是人们求爱求美的必然反应。在坠入情网的一刻，恋人被对方深深吸引，那些颇具吸引力的特点无疑是恋人最为欣赏、最为看中的。他(她)就是你心中最美的一个，不论是容貌还是才情，情人眼里总会找出恋人的最好。

2000 年，伦敦的两个科学家选择了 70 位刚刚坠入爱河的受试者，利用功能核磁共振对他们的大脑进行扫描，得出的图片与随后的研究表明，爱情是一种上瘾的症状，如同吸烟喝酒一样，大脑耍了个小把戏，把心中感受的喜悦和外界事物结合起来，于是认为这种感觉正是来自于眼前的这个人。正如莎士比亚所说：“一个相爱中的人，可以踏在随风飘荡的网上而感觉不到危险，幻想的幸福使他灵魂飘然轻举。”

第三，甘愿奉献的陶醉心理。爱一经燃烧，就像火一样，在心头成燎原之势，越来越旺，好像偌大的世界只有两个人，这就是“陶醉心理”的效应。

恋人接触时，最喜欢获得的是对方的赞美以及对方对自己的正面反应正如自我的预期，前者就是自我的提升，后者就是自我的验证。如果能够满足这两点的话，那绝对是一个令人陶醉的伴侣，是极具吸引力的恋人，这种力量是非常强大的。所以，热恋中的男女，常怀着浪漫的爱情梦想，恋人就是他(她)的全部世界，愿意为他(她)分担痛苦与挫折，为了爱甘愿奉献一切。

第四，罗密欧与朱丽叶效应。研究人员在对未婚情侣的观察过程中发现一种有趣的模式，称为“罗密欧与朱丽叶效应”：当恋爱遇到阻力，反而会激发人的热情。父母越是干涉他们的交往，他们彼此之间就越相爱。随着时间的推移，父母的干预反而会增加年轻恋人间的感情。这也是造就千古奇唱“梁山伯与祝英台”“罗密欧与朱丽叶”爱情故事的心理机制。

人性本身就如此，在外力强制条件下很容易引起对立情绪，很可能出现反抗作用。人更愿意进行自由选择，越是限制、禁忌的东西，越显得神秘、有趣、充满诱惑，越能激发人的叛逆心和反抗性，也越发地想尝试一下。一旦电影、书籍、文章被列为禁片、禁书、禁文，就是众人趋之若鹜、洛阳纸贵之时。因此，当外在压力要求人们放弃选择自己的恋人时，由于心理抗拒的作用，人们反而更转向自己选择的恋人，并增加对恋人的喜欢程度。

心理视点

一、大学生恋爱心理

爱情是人类古老而永恒的话题。对于处于青春年华的大学生而言，更像磁铁一样充满了吸引力。无论他们是否在大学期间真正投入一场恋爱，这都是他们生活中的重要话题。但是，如何把握、处理恋爱中出现的各种问题，则是一个需要慎重处理的问题。

(一)爱情的本质

爱情作为人类精神的一种最深沉的冲动，其动力是人的性欲，是繁衍后代的本能。然而爱情并不是一种纯属本能的情欲，而是人类肉体和精神的升华，爱情是性与爱的和谐统一。正如恩格斯所说：“爱情作为人类的一种高级感情，无疑也是受自然关系和社会关系的制约，也就是说爱情是生物属性和社会属性的统一。”我们将分别对爱情的这两个基本属性进行分析。

第一，生物属性。个体出生后，脑垂体就会分泌出促性腺素。在儿童和少年时期，促性腺素分泌日益增多。到了青年阶段，随着性生理的发育和趋于成熟，性心理开始发展，因此，青年男女会对异性产生好感和倾慕，这是生理发育引起的正常的心理现象。但是，处在这个阶段的青年，心理发育还不够成熟，难以正确处理恋爱问题。而在这之后，由个体的年龄增长所带来的知识和阅历的积累，判断是非能力与自我控制能力都相对提高，生理与心理的发展状况逐步趋于平衡。这时男女关于爱情的选择会更加全面、深刻和实际，从而建立和维持稳定的两性关系，因此“柏拉图式的爱情”并不是真正意义上的爱情，爱情发展到了一定程度后，必然会有性的接触和活动。值得注意的是，爱情中的精神成分具有相对独立性，爱情虽然以生物属性为基础，但是人类在爱情中的精神基础占有绝对优势。

第二，社会属性。马克思曾经指出：“人的本质并不是单个人所固有的抽象物，在其现实性上，它是一切社会关系的总和。”人类的爱情追求也是在一种丰富的、不断变化发展的社会方式下进行的。人们在社会生活中形成了各自的气质和性格，正是这些性格特征，使爱情更富有社会内容。社会通过经济和文明的发展程度以及伦理道德和风俗习惯对爱情的内容和形式产生影响和制约，从而使爱情打上了该社会的烙印。

具有自然和社会双重属性的爱情神秘而又令人激动，著名的爱情研究学者哈特菲尔德得出爱情是生理唤起和心理标签相互作用的结果的结论，作为人际吸引最强烈的形式，它具有以下基本特点：

相异性：爱情一般是在异性之间产生的，狭义的爱情专指异性恋，不含同性恋。

成熟性：爱情是个体身心发展到相对成熟阶段时产生的情感体验，幼儿期没有爱情体验。

高级性：爱情是一种高级情感，不是低级情绪。

生理性：爱情有生理基础，包括性爱因素，不是纯粹的精神上的依恋。

利他性：爱情的基本倾向是奉献。衡量一个人对异性有无爱情、强度如何，可以通过“是否发自内心，帮助所爱的人做其期待的所有事情”这个指标来衡量。

（二）爱情三角理论

爱情的高级性决定了它是一种很微妙的情感，是两颗心灵相互向往、吸引，从而达到精神升华的产物，因此很难给它下一个严谨的定义。很多心理学家、行为科学家都没能客观地解释爱情的“庐山真面目”。但是他们都致力于从不同的角度对爱情进行分析，其中，影响最大的是美国耶鲁大学的著名心理学家罗伯特·J.斯腾伯格的“爱情三角理论”。

斯腾伯格认为人类爱情虽复杂多变，但基本上是由三种成分所组成的：

动机成分——动机有内发的性驱力。包括异性之间身体容貌等特征上的彼此吸引。

情绪成分——由刺激引起的身心激动状态，如喜、怒、哀、惧等。

认知成分——对情绪和动机是一种控制因素，是爱情中的理智层次。

世界上之所以有各种各样的爱情故事，就是因为情侣们在面对爱情时，对动机、情绪、认知这三种成分所采取的处理方式千差万别。因此斯腾伯格进一步将动机、情绪、认知三者各自单独在两性间发生的爱情关系分别称之为亲密、激情、承诺三种成分。

亲密是两人之间感觉亲近、融洽的一种体验。简单说来，就是能够给人带来一种温暖的感觉体验。

激情是一种“强烈地渴望跟对方结合的状态”。通俗地说，就是见了对方，会有一种怦然心动的感觉，和对方相处，有一种兴奋的体验。性的需要，是引起激情的主导形式，其他自尊、照顾、归属、支配、服从也是唤醒激情体验的源泉。

承诺可以看作是“大部分而非全部地来自关系中的认识性(认知性)的决定与忠守”。承诺由两方面组成：短期的和长期的。短期方面就是要作出爱不爱一个人的决定；长期方面则是作出维护这一爱情关系的承诺，包括对爱情的忠诚、责任心。也就是结婚誓词里说到的“我愿意!”，是一种患难与共、至死不渝的承诺。

两者不一定同时具备。比如决定爱一个人，但是不一定愿意承担责任，或者给出承诺；又或者决定一辈子只爱他(她)，但不一定会说出口。

简言之，亲密是“温暖”的，激情是“热烈”的，而承诺是“冷静”的。在三种成分下有七种不同的爱情关系组合，分别是：

(1)喜欢式爱情：只有亲密没有激情与承诺，如友谊。

(2)迷恋式爱情：只有激情没有亲密与承诺，如初恋。

(3)空洞式爱情：只有承诺缺乏亲密和激情，如纯粹为了结婚的爱情。

(4)浪漫式爱情：只有激情和亲密，没有承诺。这种爱情崇尚过程，不在乎结果。

(5)伴侣式爱情：只有亲密和承诺，没有激情。指的是四平八稳的婚姻，只有权利、义务却没有感觉。

(6)愚蠢式爱情:只有激情与承诺,没有亲密。没有亲密的激情顶多是生理上的冲动,而没有亲密的承诺不过是空头支票。

(7)完美式爱情:包含激情、亲密与承诺。只有在这一类型中我们才能看到爱情的庐山真面目。

斯腾伯格的爱情三角形理论告诉人们什么是理想的爱情,它更大的意义在于让那些陷入情感困惑的人们去判别自己的情感生活,为情感生活提供一个理智的知音。

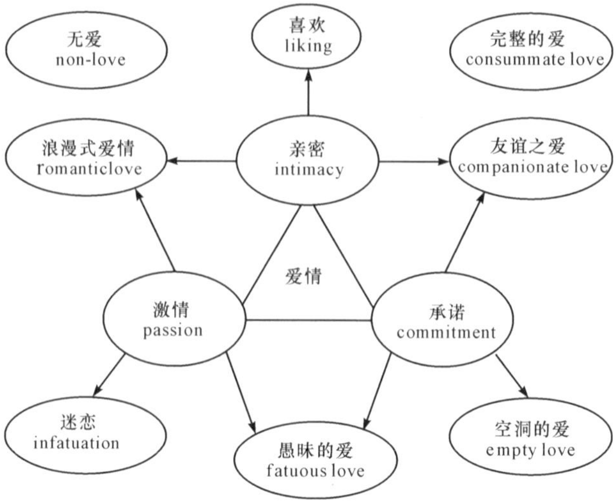

图 7-1　恋爱的形态

(三)大学生恋爱心理特征

大学生恋爱在各大高校已经成为一种普遍现象,据不完全统计,到大学毕业时,谈过恋爱的同学占学生总数比重已经高达 80%以上。对于处于青春期后期和成年早期的大学生而言,爱情已经渐渐退去了神秘的面纱,成为他们日常生活的一部分。他们在各种不同的心理需求下寻找自己的爱情,当然,最后收获的爱情果实也是相差甚远。

1. 恋爱氛围的浪漫性与相对纯洁性。大学生的爱情,植根于充满书卷气和人文关怀的校园净土中,因此他们的爱情氛围浪漫而美好。恋爱双方所考虑的现实问题比如家境、经济、地域、家庭关系等方面较少。因此,校园爱情有相对的纯洁性,没有多少功利色彩。多数大学生恋爱更加看重的是精神层面的相互认同,追求纯净的"爱情"。

2. 恋爱选择的自主性以及非婚姻取向性。大学生从年龄上讲基本上都属于成年人，因而在恋爱问题上，具有独立的个性和男女平等的价值观念。具体表现为：常以“自我”为中心，建构自己的恋爱模式。在选择自己的恋爱对象时，通常是“先斩后奏式”的通知家长自己的恋爱事实，有的甚至因为怕受到家人的干涉和局限而不告知家里。这种行为实际上也影射了他们对待爱情的非婚姻取向性心理。很多大学生在恋爱前很少考虑双方的婚姻问题，他们恋爱的理由仅仅是感觉和志趣相投。“我喜欢，我恋爱”成为了目前大学生恋爱的一个重要心理特征。

3. 恋爱动机盲目性。刚刚步入大学校园，面对全新的一切，年轻的大学生们内心难免有生疏与慌张之感。尤其是对于那些从遥远的地方而来的外地学生来说，他们很难在一个陌生的城市中找到归属感。因此，这时候的一份关心、一份温暖在每个人心中都是弥足珍贵的，他们渴望呵护与陪伴。校园爱情也就成为了达到这种渴望的一种途径。

很多大学生把在校期间谈恋爱作为取得生活情感经验的一种途径，到底爱对方什么，为什么爱，他们都没有清晰的认知，甚至一些大学生抱怨学习生活十分枯燥、单调，于是他们选择寻找异性，来弥补精神空虚的需要，恋爱对于他们而言，更像是找个伙伴一起度过“闲暇”时光和消耗充沛精力的“权宜之计”。

4. 从众炫耀心理。所谓从众心理，是指个人的认知或行为会不知不觉地迫于所处群体的无形压力，而不由自主地与多数人保持一致的心理现象。大学校园里盛行这样一种呼声：“大学不谈恋爱就算白读大学了。”由于在校大学生在年龄、经历、文化认知能力等方面都大体相同，这一群体具有同质性、相似性、易感性的特点，所以彼此都很容易产生“跟风”心理。在这种群体氛围之下，为了表现出自己是合群的，很多大学生就会盲目地去寻找异性。

有一部分大学生不是因为真爱，而是为了满足虚荣心去追逐爱情。在他们眼里，能够和漂亮的女孩、英俊的男孩谈恋爱是一种可以拿出去炫耀的资本，觉得“脸上倍儿有面子”。以这种恋爱心理为基础的爱情必然不会长久，爱情之花会过早地枯萎。当前大学生恋爱的人数逐年上升，一些低年级的大学生一开学就抢着在恋爱簿上“挂号”，认为“早婚早恋最保险，晚恋晚婚傻了眼”。大学生恋爱的快速性具体表现在瞄准目标下手快，谈恋爱过程中情感上升的速度快，恋爱周期短，结识快，分手也快，恋爱氛围传染快等方面。

5. 奉献与报答心理。这种恋爱心理的特征是：一方面，恋爱的一方对爱情所持的是一种不断付出并且不求回报的态度；另一方面，接受奉献的一方也会本着报答好意的目的以爱情的形式回馈给对方。这种心理其实是恋人对爱情过分依赖的表现，整天形影不离，哪怕在公共场所也可以毫无顾忌地过分亲昵，恋爱双方极容易在爱情中迷失自我。

6. 恋爱的自控与耐挫能力薄弱性。当代大学生大多从小家庭条件优越，很少经受生活的挫折，因而性格中的自由、任性、缺乏自控力和耐挫力等特征十分明显。这就导致他们在热恋中，不善于控制自己的情绪，缺乏理智的驾驭能力，一遇到波折就会痛苦消极，无法自拔，严重影响学习和生活。由于缺乏对自身、家庭以及社会的责任感，有些大学生在学校随心所欲地玩乐，他们的生活态度是“今朝有酒今朝醉”。他们的爱情也是轻浮荒谬的。这种游戏人生、玩世不恭的恋爱心理终究会导致爱情悲剧的发生，身处其中的这些大学生到最后也会自尝苦果。

心理解码

测试你的恋爱心理成熟程度

“爱是一门需要知识和努力的艺术”，但是这门恋爱艺术并非人人得以掌握。你的恋爱心理发展到了什么程度？请据实自测：

1. 你认为恋爱是为了：

a. 找到一个情投意合的伴侣　　b. 成家过日子、抚育儿女

c. 满足性的需要　　d. 刺激有趣好玩

2. 你喜欢的异性是：(女性选择)

a. 英俊潇洒，有男人魅力　　b. 有钱有势有能力

c. 人品好　　d. 爱自己的，其余的无所谓

(男性选择)

a. 漂亮性感，有女人魅力　　b. 贤惠能干，善于理家

c. 温柔体贴，人品好　　d. 只要有爱，其余的无所谓

3. 你和恋人确立恋爱关系是因为：

a. 条件般配　　b. 我比对方优越

c. 对方比我优越　　d. 没想过

4. 你希望恋爱这样开始：

a. 一见钟情　　b. 青梅竹马
c. 在工作(学习)中逐渐产生　　d. 经人介绍

5. 让爱情更深一点的良策是:
a. 极力讨好取悦对方　　b. 尽力使自己变得更完美
c. 欲擒故纵　　d. 爱情是缘分,无计可施

6. 当恋人暴露出一些缺点和不足时,你会:
a. 委婉告知并帮其改进　　b. 震惊意外,对其加以指责
c. 嫌弃动摇,怀疑爱情　　d. 无所谓

7. 当一位比你目前恋人更优秀的异性对你表示爱慕时,你会:
a. 离开恋人接受其爱　　b. 将其恋情淡化为友情
c. 瞒着恋人与其往来　　d. 为迟到的爱后悔痛苦

8. 当你倾慕的异性另有所爱时,你会:
a. 一如既往地待他(她),等其觉悟　　b. 参与竞争,力争夺取
c. 抽身止步,成人之美　　d. 整日后悔痛苦

9. 恋爱中的波折矛盾是:
a. 必然又必需的　　b. 对恋爱的否定
c. 无聊的　　d. 束手无策的痛苦经历

10. 由于种种原因,你的恋爱失败,对方提出分手,你会:
a. 千方百计抓住他(她)　　b. 到处诋毁对方名誉
c. 说声再见,各奔前程　　d. 矛盾痛苦不知所措

11. 进入大龄的单身贵族队列,你的恋爱态度会:
a. 一如从前,宁缺毋滥　　b. 放弃追求,随便凑合一个
c. 重订更现实的择偶目标　　d. 不谈爱情

得分标准:

请按以下标准计分,并判断自己的恋爱心理成熟程度。

1. a. 3;b. 2;c. 1;d. 1。

2. (女性选择)a. 2;b. 1;c. 3;d. 1。

(男性选择)a. 2;b. 2;c. 3;d. 1。

3. a. 3;b. 2;c. 1;d. 0。

4. a. 2;b. 1;c. 3;d. 1。

5. a. 1;b. 3;c. 2;d. 0。

6. a. 3;b. 2;c. 0;d. 1。

7. a. 2;b. 3;c. 1;d. 0。

8. a. 2；b. 1；c. 3；d. 0。

9. a. 3；b. 0；c. 2；d. 1。

10. a. 2；b. 0；c. 3；d. 1。

11. a. 1；b. 2；c. 3；d. 0。

甲：26～33 分　圆熟型

恋爱心理非常成熟。懂得爱的真谛，向往爱又能在现实中实现爱。就像一名竞技状态良好的运动选手，你能够在爱情面前轻松舒展，游刃有余；更可贵的是即使直面失败也有良好的心态。你的恋爱婚姻一定很美满幸福。

乙：18～25 分　正熟型

渴望爱的垂青，然而屡屡失误，一时难以如愿。校正一下恋爱指针，太过浪漫的往现实方向调调，太现实的多一些浪漫温馨情调，幸福快乐已在眼前了。

丙：9～17 分　待熟型

恋爱婚姻是人生的一门必修课，要取得好成绩单单凭热情是不够的，还须专心修习，从理论到实践，再从实践到理论，一点一滴，终会水滴石穿。

丁：3～8 分　青涩型

爱情对你而言是迷宫，是八卦阵，是氤氲可怖的夜景，或者是平淡苍白的荒漠。让心灵轻松开放些，爱的光线会缓缓照射进来，那时你才能体会到柔情温暖。

（四）大学生恋爱存在的问题及调适方法

1. 羞怯与自卑。心理学上，羞怯是指在社交环境中保持沉默、感到紧张，并且表现出行为上的局促和拘束。面对陌生或者是自己心仪的对象时，偶尔的羞怯是可以理解的，但是如果习惯性地体验到羞怯情绪的话，就会使自己因为没有勇气迈出第一步而错失自己的爱情。在羞怯与自卑背后，是对自己不恰当的评价，脑海里经常出现“他（她）肯定不会喜欢条件不好的我”的自卑想法。不敢坦然与异性交往，用回避与异性接触的方式保护自己的自尊心。

要解决恋爱的自卑问题，第一步就是要对“条件好”有个全面客观的认识。很多同学会认为由于自己不够漂亮、不够高大，没有某项技能，家庭条件不够优越，所以不会得到别人的青睐，或者认为只有十全十美的人才有资格赢得爱情。其实，这种忧虑大可不必，外在的条件如身高容貌等确实会对恋爱有一定的影响，社会经济条件也会影响择偶，但是这些都只能作为“爱情指标”的参考信息，或者它们的吸引力只会影响爱情的初始阶段。在现实生活中，男女大学生在选择交往对象时更加看重的应该是人品和性格等内在修养等方面的内容，应该更多地关注双方是否心理相容和志趣相投。正如俄国哲学家别林斯基所言：“爱情是两个亲密的灵魂在一般生活方面，在忠实、善良、美丽事物方面的和谐默契。”所以，在正确的择偶观的影响下，请同学们努力找到自己内在涵养中的闪光点，并且勇敢地去寻找属于自己的爱情，相信那个钟情的人总有一天会被你的光芒所吸引。

2. 单相思与爱情错觉。恋爱应该是两人之间的感情交流，如果一方更加倾心于另一方，但是却得不到对方的回应，这种单方面的“爱情”，就要被定义为“单相思”了。在大学校园里，这样的感情并不少见。每个人在不同的年龄阶段都可能出现过单恋，尤其是处于青春期的男男女女，很容易对某个异性产生爱慕之情，沉湎于幻想之中，但又不善于自我调节与控制，因而很容易陷入“落花有意，流水无情”的单恋漩涡之中。

单恋者可以体验到的是爱情的另一种快乐，但是更多的体验是情感的压抑和无奈，他们无法正常地向自己所钟爱的异性倾诉柔情，更得不到对方积极的反馈，所以这种“爱情”的滋味更多的是苦涩。

爱情错觉是指在异性之间正常的交往中，一方错误地把另一方正常的表现理解为对自己有爱意。这类心理较多地出现在性格内向、敏感、富于幻想的同学身上。首先是自己爱上了对方，于是也渴望得到对方的爱，在这种弥散心理的影响下，就会把对方表现出的礼貌和热情当作是爱情，并且深信不疑。过高地估计对方喜欢自己的程度，凭着自己主观的意愿来解释对方的一言一行，沉迷于自己构建的爱情幻想当中无法自拔。

如果发现自己陷入了单相思与爱情错觉中，要设法积极地调整自己的心态，不能任其影响自己的生活和学习。下面介绍几种常见的方法，帮助同学们走出单恋的误区：

首先，主动了解对方的态度。钟情的一方可以主动采取行动去了解对方对自己的态度和感情要求。比如，他(她)眼中的我是个什么样的人？他(她)的择偶条件和标准是什么？清楚了这些情况之后再根据爱情产生的可能性的大小来作决定。

其次，勇于表达真情。如果他(她)还没有心仪的对象，而你的条件又基本符合他(她)的择偶要求，并且在他(她)的心中你已经占据了一席之地的话，那就不要再经受相思之苦了，勇敢地向对方表达自己的内心，坦诚地追求自己爱情。

再次，珍惜圆满的开始，也感谢及时的终结。如果对方接受了你的爱意，那么这是一段美好感情的开始。一旦被拒绝，也不能悲观绝望；相反，要感到庆幸，“长痛不如短痛”，这样也是一种解脱。努力把对方忘掉，或者把这份感情封存在心底，爱对方就要为对方考虑，不能让自己再去打扰对方生活的平静，这样只会让两个人都陷入无尽的痛苦之中。在心里为他（她）默默祝福，这也是爱情的另一种境界。泰戈尔说：“眼睛为她下着雨，心却为她打着伞，这就是爱情。”

最后，情感升华，完美转身。要彻底地与在自己心里住了很久的他（她）告别是一件很不容易的事情。可以多和信任的朋友交流心里的想法，释放自己的苦闷。要努力为自己的生活选定一个重心，利用它来分散自己的注意力。最好是把精力转移到学习和工作中去，不断为自己充电，以最好的状态迎接全新的生活，说不定就会有更好的发现。

3.“错爱”与三角（多角）恋爱。“我现在很矛盾，两个男孩都对我很好，我不知道该怎么选择？为什么偏偏我喜欢的男孩却又不喜欢我？”当大学生面对这种复杂的感情局面时，往往显得慌乱和不知所措。他们不懂得怎样对异性之间的感情进行合理的把握和权衡，无论放弃哪一个都割舍不下，随着时间的推移，三角（多角）恋的感情越陷越深，以至于难以决定何去何从。

其实，大学生在对爱情的认知上都明白爱情需要忠贞、专一和坦诚，但是知和行未必在现实生活中达到高度的统一。作为三角（多角）恋的主角，内心的道德冲突是十分强烈的：一方面，他（她）对自己朝秦暮楚、摇摆不定的恋爱态度深感惭愧，自知自己这种有悖于道德规范的行为是应该遭到谴责的；另一方面，他（她）也为自己注定要在各种选项之间作出艰难的选择而感到自怜和内心的极度不平衡。而对于作为选项的爱情配角来说，三角（多角）恋爱更像是生活的魔咒一样，他（她）的爱情付出永远得不到对等的回报，爱情给予自己的只是自讨苦吃和咎由自取的味道。教育学家陶行知曾经这样描述这种复杂的爱情局面——“爱情之酒甘而苦，两人喝是甘露，三人喝是酸醋，随便喝要中毒。”由三角（多角）恋所引发的争风吃醋、相互伤害、互相报复等恶性事件屡见不鲜，大学生应该怎样挣脱这种心理负担呢？

一是加强自我说服，走出两难困境。要不断给自己灌输正确的爱情观，真正的爱情应该是心灵的契合与志趣的相通，力求以此来过滤掉很多配角存在的因素。有了这种情感认同之后，就要说服自己去做应该干的事情，避免不应该做的事情，对自己的行为负责。这样就会逐渐认可自己的所作所为，从而结束左右为难引起的负罪感。

二是明确选择，果断决定。三角（多角）恋中的主角无法拒绝配角们的原因，是因为他（她）们各有优点，比如一个才华过人，另一个幽默风趣。在"如果能将他（她）们的优点合为一体就好了"的挑剔心理作用之下，主角很难作出取舍的决定。真正的爱情只可能存在于一对男女之间，一个人同时爱上几个人，那并不是真正的爱情。选择爱人时，要求对方十全十美，是一种理想主义的爱情观，现实生活中的每个人都有缺陷，就连挑剔者本身又何尝是完美的呢？爱情中的双方就像两个齿轮，只有一凸一凹，才能紧紧接合在一起。所以果断选择与自己的凹凸强弱相契合那一个才是收获美好爱情的捷径。

三是学会放手，退出漩涡。作为配角的一方，要懂得自尊自爱。如果一个人既爱着你又爱着别人，这就表示他（她）对你的爱并不忠诚、纯粹，这样的爱情对你来说本身就是一种伤害。如果你判定对手会给主角带来更多的幸福，那么成全自己心爱的人才是明智的选择。即使你判定对手远不如你，那也要学会站在主角的角度思考问题，也许主角需要的东西反而你身上不存在。总之，要学会正确地自我评价、自我解脱，这样就可以从痛苦中及早地走出来，重新追求属于自己的幸福。

心理解码

爱情心理学家鲁宾编制的喜欢和爱情态度量表

心理学家鲁宾所作的"爱情量表"和"喜欢量表"的分析，将爱与喜欢分为两种不同的性质和情绪状态，这样可能有助于大家作出正确的判断，获得更完美的结果。

1. 爱情量表

(1)他（她）觉得情绪低落的时候，我觉得很重要的职责是使他（她）快乐起来。

(2)我在所有事情上，都可以信赖他（她）。

(3)我觉得我要忽略他（她）的过失是一件很容易的事。

(4)我愿意为他（她）做所有的事情。

(5)对他（她）我有一种占有欲。

(6)若我不能和他（她）在一起，我觉得非常不幸。

(7)假如我孤寂时，首先想到的就是去找他(她)。

(8)在世界上我关心很多事，但是有一件事就是他(她)幸福不幸福。

(9)他(她)不管做什么，我都愿意宽恕他(她)。

(10)我觉得他(她)的幸福和成功是我的责任。

(11)当我和他(她)在一起时，我发现自己什么事都不做，只是用眼睛看着他(她)。

(12)若我也能让他(她)百分之百地信赖，我觉得十分快乐。

(13)没有他(她)，我觉得难以生活下去。

2. 喜欢量表

(1)当我和他(她)在一起时，我发觉好像两人都有相同的心情。

(2)我认为他(她)非常好。

(3)我愿意推荐他(她)去做不被人尊敬的事。

(4)以我看来，他(她)特别成熟。

(5)我对他(她)有高度的信心。

(6)我觉得什么人和他(她)相处，大部分都会有很好的印象。

(7)我觉得和他(她)很相似。

(8)我愿意在班上或团体中，做什么事都投他(她)一票。

(9)我觉得他(她)是许多人中容易让别人尊重的一个。

(10)我认为他(她)十二万分聪明。

(11)我觉得他(她)是所有认识的人中，非常讨人喜欢的一个。

(12)他(她)是我很想学的那种人。

(13)我觉得他(她)非常容易赢得别人好感。

此两量表有许多共通处，但爱情有依附感、关怀感和亲密感三个要素。而喜欢只是正面的感受，如好、喜欢、崇拜，没有涉及你为他(她)做什么和独占的感觉。

4. 恋爱中的“高原心理”。恋爱中的男女双方在经过惊心动魄的热恋之后，常会感到一段时期的精神疲劳，心理上产生一种茫然和失落感，总觉得恋人的魅力减少了许多，有一种既不满足又不知所措的矛盾心理。恋爱者的这种心理，在心理学上称为恋爱中的“高原心理”。如何防止“高原心理”影响恋人之间的感情呢？

首先，要保持恋爱双方在恋爱前的各自的独立空间，让对方明白你的独立性，这点对于女性尤其重要，切忌谈了恋爱就丢了自己。尽管热恋已经使双方不分你我、亲密无间，但是仍然要像恋爱初期那样保持礼节，不要因为任何不尊重对方的言行而使自己的魅力大打折扣。对恋爱的期望预想值不要太高，去除对爱情不切实际的幻想，避免失落感的产生。

其次，要丰富交往方式，扩大两个人生活情趣的交集，延长爱情的保鲜期。偶尔做短暂的分离。“两情若是久长时，又岂在朝朝暮暮。”偶尔的小别，特别是在出现一些小摩擦之后，不但可以为双方提供时间和空间去冷静地思考、反思爱情症结，而且分离后再相见的甜蜜感也会成倍增长。

第三，要明白男女对待恋爱观念上的差异。女生在爱情中注重的是恋爱过程中的浪漫，男生对待感情的态度则分为两个阶段，在追求期，倾尽柔情蜜意、关爱有加；确定关系以后，则会把更多的精力用在事业或者其他的刺激上。当女性感到男友的这些变化时，就会绝望地抱怨：“他不再爱我了，男人都是三分钟热度。”因此要合理地认识男女对待爱情的差异，防止小题大做，失去爱人。

5. 由性格价值观不同带来的矛盾冲突。每个人都是个性鲜活的独立体，尤其是当下的大学生，都是从父母的娇生惯养中走进大学校园的，他们性格中的锋芒就会更多地显露出来。再加上他们来自不同的家庭背景、不同的生活环境，彼此之间的价值观必然存在着差异。这些因素都会导致大学生恋情中的矛盾冲突的发生，就如歌词中写的：“相爱总是简单，相处太难。”

如果冲突处理得不好，很有可能造成彼此的互相伤害，甚至是恋爱关系的破裂。其实，情侣之间所发生的冲突本身不是问题，真正的问题在于对待冲突的态度与方式方法。生活中，我们经常听到类似于这样的分手总结——“我也不知道我们怎么会走到这一步，好像最初只是因为很小的一件事情，后来两个人都收不住火了，也就只好以分手收场了。”由此可见，对冲突的不恰当解决所引起的恶果是十分令人惋惜和无奈的。那么，应该怎样应对恋爱过程中的冲突问题呢？

面对冲突时，双方首先要有处理冲突的意愿，心平气和地解决问题的态度是必要的。接着就是要以“就事论事”的态度，客观陈述问题，并且要坦诚地面对自己的内心感受，彼此之间敞开心扉，一起寻求解决问题的可能方式，从而找到问题的症结所在。需要注意的是，以退缩、投降、攻击、说服等方式解决冲突是“治标不治本”的做法。也许表面上可以制止冲突，但是是在为以后的关系恶化埋下伏笔。恋爱中的双方，就像是两只渴望拥抱的刺猬，只有先拔除自己身上的刺才有可能亲密取暖。其实，这种亲密关系中冲突的解决，不在于最后的结果，而在于两个人"为了彼此拥抱而拔掉自己的刺"的勇气和包容。正如沃尔特·惠特曼眼中的爱情——"爱，不是一种单纯的行为，是我们生活中的一种气候，一种需要我们终身学习、发现和不断前进的活动。"

（五）恋爱的心理任务

人生就是为了找寻爱的过程，每个人的人生都要找到四个人：第一个是自己；第二个是你最爱的人；第三个是最爱你的人；第四个是共度一生的人。

首先会遇到你最爱的人，然后体会到爱的感觉；因为了解被爱的感觉，所以才能发现最爱你的人；当你经历过爱人与被爱，学会了爱，才会知道什么是你需要的，也才会找到最适合你、能够相处一辈子的人。但很悲哀的，在现实生活中，这三个人通常不是同一个人：你最爱的，往往没有选择你；最爱你的，往往不是你最爱的；而最长久的，偏偏不是你最爱也不是最爱你的，所以，只有爱情不代表就能结婚，合适比爱更重要。

没有爱情的婚姻是有风险的，然而，如果觉得只有爱情就可以结婚，恐怕风险更大。"如果觉得合适就结婚吧"，这是无数母亲面对女儿的终身大事时的态度。所谓合适，前提是，两人在性格上能够容忍、互补。随着磨合的加剧，相爱时被刻意忽略的性格上的不和谐会越来越明显。

大部分的人都忘了，或者根本不知道，谈恋爱其实有着比"找结婚对象"更为重要的目的。从心理学的角度来看，与别人建立亲密的人际关系，是我们发展出健全成熟人格的重要过程。也就是说，谈恋爱，其实是有着重要的心理任务的。

心理任务一：了解自己，自我完善。借着跟另一半亲密的互动，我们才更能发觉有关自己的种种心境：

"喔，原来我比想象中来得容易吃醋。"

"看来，我真的很讨厌别人管我太多。"

"天啊，我居然是个凡事要求别人听话的人。"

如此这般的一来一往，对自己的认识增加，自我的轮廓也就逐渐清晰了起来。罗曼·罗兰说："如果你希望一个人爱你，最好的心理准备就是不要让自己变成非爱他不可。你要坚强独立，自求多福。让自己有自己的生活重心，有寄托、有目标、有光辉、有前途。总之，让自己有足够多的可以使自己快乐的源泉，然后再准备接受或不接受对方的爱。"

心理任务二：培养爱的能力。在跟另一半共同面对生活中的琐碎细节时，我们也会学到"爱人"的真正意义：

“原来我不能只顾自己的喜恶，也需尊重他的想法。”

“也许有时候，适度的妥协甚至牺牲，是完全必要的。”

爱的能力包括付出的能力、理解的能力、宽容的能力和自我承担的能力。不要指望爱人会为我们分担一切，很多东西我们仍然需要独自面对；付出比索取对爱情更有益，也使自己更快乐；宽容对爱情有出乎意料的效果，用要求、指责都达不到的目的，宽容也许可以奏效。当我们了解了如何跟另一个人长期亲密地相处，也就提升了自己爱人的能力。所以，爱情的输赢，不是看最后手上有没有多了一枚结婚戒指，若真要在爱情中论成败，该看的是有没有完成这两项爱情的心理任务。只要在这次感情经验中，我们更了解了自己，也培养出更好的爱的能力，那么，即使分手说拜拜，也该好好庆祝一番，因为任务圆满达成，自己又朝“成熟”迈进了一大步，成为一个条件更好，而更令人无法抗拒的迷人伴侣了。下一份精彩的感情经验，肯定指日可待。

心灵鸡汤

苏格拉底与失恋者的对话

一天，苏格拉底遇到了一个失恋的人。

苏格拉底：孩子，为什么悲伤？

失恋者：我失恋了。

苏格拉底：哦，这很正常。如果失恋了没有悲伤，恋爱大概也就没有味道。可是，年轻人，我怎么发现你对失恋的投入甚至比恋爱还要倾心呢？

失恋者：到手的葡萄给丢了，这份遗憾，这份失落，您非个中人，怎知其中的酸楚啊！

苏格拉底：丢了就丢了，何不继续向前走去，鲜美的葡萄还有很多。

失恋者：踩她一脚如何？我得不到的别人也别想得到。

苏格拉底：可这只能使你离她更远，而你本来是想与她更接近的。

失恋者：你说我该怎么办？我可真的很爱她。

苏格拉底：真的很爱？那你当然希望你所爱的人幸福？

失恋者：那是自然。

苏格拉底：如果她认为离开你是一种幸福呢？

失恋者：不会的。她曾经对我说，只有跟我在一起的时候她才感到幸福。

苏格拉底：那是曾经，是过去，可她现在并不这么认为。

失恋者：这就是说她一直在骗我？

苏格拉底：不，她一直对你很忠诚。当她爱你的时候，她和你在一起，现在她不爱你，她就离开了，世界上再没有比这更大的忠诚。如果她不再爱你，却还装得对你很有情意，甚至跟你结婚生子，那才是真正的欺骗呢！

失恋者：可我为她投入的感情不是白白浪费了吗？谁来补偿我？

苏格拉底：不，你的感情从来没有浪费，因为你在付出感情的同时，她也对你付出了感情，在你给她快乐的时候，她也给了你快乐。

失恋者：可是这多么不公平啊！

苏格拉底：的确不公平，我是说对你所爱的那个人不公平。本来，爱她是你的权利，但不爱你是她的权利，而你想在你自己行使权利的时候剥夺别人行使权利的自由。这是何等的不公平。

失恋者：可是您看得明白，现在痛苦的人是我不是她，是我在为她痛苦。

苏格拉底：为她而痛苦，她的日子过得很好，不如说你为自己而痛苦吧！

失恋者：依您的看法，这一切倒成了我的错？

苏格拉底：是的，从一开始你就犯了错。如果你能给她带来幸福，她是不会从你的生活中离开的，要知道，没有人会逃避幸福，不过时间会抚平你心灵的创伤。

失恋者：但愿有这一天，可我的第一步该从哪里做起呢？

苏格拉底：去感谢那个抛弃你的人，为她祝福。

失恋者：为什么？

苏格拉底：因为她给了你寻找幸福的新的机会。

二、大学生性心理

（一）性的本质

性是什么？一谈到性，一些大学生会表现得特别敏感和羞怯。其实这种心理背后折射出的是一种对性的狭隘认识，片面地认为性是一种简单的性生理，是男女之间生理的性关系。实际上，性既是一种生理现象，也是一种社会现象，同时也是一种心理现象。性是人的自然属性和社会属性的统一。

首先是自然属性。性是人的最基本的本能，是人类为了生存和繁衍后代所必需的一种生命现象和机体功能。性来源于人体性激素的作用，是人的正常生理需要。同时，性也指男女两性在生理上的差异，体现在男女两性的染色体不同、性腺不同、性器官不同以及第二性征的不同。

其次是社会属性。人是社会性的动物，人的性需要，不仅包括生理性需要，也包括社会性需要。人类的性行为，在不同的时代和不同的社会中会受到不同的道德观念和法律制度等的制约。与性相关的心理冲突和困惑更多来自性的社会性方面，性的社会文化、社会禁忌、性别角色等可能造成许多矛盾、焦虑和痛苦。

（二）性心理发展的理论

1. 性动力。弗洛伊德认为在人的性背后有一种潜力，常常驱使人去寻求快感的满足，这就是力比多，即性本能、性欲望或者性冲动，他将此称为性动力。性动力是人类的一种基本动机，也是推动人们心理活动的一种基本动力。

2. 性心理发展的阶段。弗洛伊德性心理的发展阶段从婴儿期开始，他把性心理发展分为以下阶段：

(1)口腔期(0～1 岁)：此时期的性感区为口腔，也就是唇与舌。主要靠吸吮、吞咽等活动满足性欲，这时母亲的乳房是最重要的快乐来源，使幼儿得到愉快的体验。

(2)肛门期(1～3 岁)：此时期的性感区由口腔发展至大肠与肛门，幼儿透过大小便的排泄时紧张消除的刺激快感获得满足。

(3)性器期(3～6 岁)：此时期幼儿主要靠触摸自己的性器官来获得满足。幼儿在此时期已能分辨男女性别，因此产生出男女两种不同的人格。

(4)潜伏期(7 岁至青春期)：此阶段时间很长，却没有明显的性发展表现，呈现出潜伏状态。性的倾向转向外部，以对性知识好奇为性欲满足。

(5)两性期(青春期以后)：此时个体性器官成熟后，产生了第二次的性欲冲动，性需求转向相似年龄的异性。弗洛伊德认为，这个时期的性本能需要透过"性高潮"才能满足，因此产生性爱。且两性开始有了共同生活与婚姻的理想，性心理的发展已非常成熟。

（三）大学生的性行为

从性成熟到合法的婚姻形式开始正常的性生活，一般至少要 10 年，而性欲最旺盛的青春期恰好就出现在这个时间区间里。因此大学生在性本能的驱动下，会出现一系列的性行为，这些性行为随着年级升高而升级，人数也随着年龄的增大而递增。

1. 边缘性性行为。性行为是一个广泛的概念，并不专指性交行为。在恋爱初期，一封情真意切的情书，一束玫瑰，一句温柔的情话，都是在以边缘性行为的方式表达情感。因为它所传达的都是一种性感情，所以归属于性行为。边缘性性行为会唤起抚摸、拥抱、接吻等亲密行为，对于情欲旺盛的青年人来说，这是进入性兴奋期的前兆。

2. 性梦与性幻想。性梦是性成熟的个体在睡眠状态下，由以往的性刺激所留下的痕迹引起的一种自然的弥散性、盲目性的性生理和性心理现象，并非是因为品行不端引起。它可能导致生理上的兴奋，也可能偶尔体验到性高潮。尽管性梦是正常的心理生理反应，但若是性梦频繁则要寻找原因，或者寻求心理咨询帮助。

性幻想又称性爱的白日梦，是指在清醒的状态下想象与异性发生性行为。性幻想的内容可以是自己身边的喜欢对象，也可以是构想出来的极其浪漫的性爱偶像。通常在看书、读报、观看影视节目中看到与性有关的裸体表象、文字表述等时，便会引起性幻想。虽然性幻想是性成熟过程中的一种正常的生理和心理现象，但是过度沉溺于性幻想的学生往往注意力无法集中，对学习产生负面影响。

3. 性自慰。性自慰又称手淫，是指用手或者其他器具刺激性器官获得快感，宣泄性冲动的一种行为方式，通常也是人们体验性快感的第一种方式。很多青少年因手淫而担心害怕，对手淫的心理依赖感和手淫后负罪感交织在一起，引发了一系列生理、心理反应，如乏力、头晕、失眠、注意力不集中等。手淫不是疾病，也不是道德败坏的无耻行为。但是这并不代表提倡手淫，更不是说手淫可以过度。毫无节制地长期手淫会引起大脑高级神经活动功能和性神经反射的紊乱，影响人的身心健康。一般情况下，手淫后如果没有不舒适感，反而感觉轻松愉快，这就是正常、适度的手淫；如果手淫后感到疲乏、劳累，生殖器部位或身体其他方面不舒服，这就说明手淫不当或者过度。

以上三种性行为都可以理解成为是性生理发育和性意识增强的正常行为表现，是一种合理解除性紧张的方式。但是为了不被它们左右情绪，影响生活，大学生应该采取一些必要的克服手段来进行心理调适，走出性误区，使自己的生理、心理状态趋向健康：

(1)自我教育与自我暗示法：进行意志和毅力的锻炼，一旦性冲动出现，及时进行自我调节、自我控制，先从减少次数开始，减少到三种性行为只是极为偶然的现象，直至戒除。

(2)分神法：每当出现性幻想等念头时，去做对自己最有吸引力、兴趣最浓的事情。比如，每当想手淫时，可以去逛街，听音乐，找朋友聊天……这样可以转移大脑性冲动的兴奋点，制约性冲动。

(3)积极地参加正当的文娱、体育活动，扩大业余爱好，充实课外生活，使得生活紧张而丰富多彩，这样就没有闲暇时间去性幻想等。

(4)建立有益身心的健康的生活方式，养成有规律、有节制的生活习惯。按时睡觉、起床，避免睡前过于兴奋，不看色情书、画。睡眠以右侧卧为佳，不要俯卧，被子不宜过厚。

(5)选择科学的性知识读物，从医学和卫生健康的角度去了解性生理、性心理特征，从而排除黄色淫秽书刊给身心健康发展带来的消极因素。此外，交朋友也要谨慎，所谓“近朱者赤，近墨者黑”，要善于抵制生活中的不良诱惑。

4. 婚前性行为。婚前性行为是一个较为宽泛的概念，这里所说的婚前性行为特指男女双方在恋爱期间发生的性交行为。双方自愿进行，没有法律保证，不存在夫妻之间的义务和责任，容易产生一些纠纷和严重后果。

大学生婚前性行为具有突发性，往往是恋爱双方在无心理准备的情况下，情不自禁地产生性需求。大学生婚前性行为的诱因很多，比如，崇尚性自由观念，自制力不足，急于促成、占有或者显示对爱情的奉献精神，甚至以性行为作为稳固和升级“爱情”的手段，等等。不管是出于何种原因，婚前性行为都容易对当事双方造成生理和心理上的伤害，对以后的婚姻和家庭生活产生负面的影响。无论是从个人发展和身心健康的角度，还是从社会伦理道德角度，婚前性行为都不宜提倡。

(四)大学生性心理的特点

1. 性心理的本能性与朦胧性。大多数大学生的性心理主要是来自生理发育成熟带来的本能作用，他们出于性本能，情不自禁地对异性产生好感和倾慕，如鬼使神差般坠入爱河。大学生对性的了解并不健全，这使得性在他们眼里就如同一层朦胧的轻纱。

2. 性意识的强烈性与掩饰性。大学生对性的关注程度逐渐加强，他们十分重视自己在异性心中的形象，看重来自异性的评价，但是又要表现出对此的冷漠和回避。有些大学生表面上十分讨厌情侣间的亲密行动，事实上却也很希望得到体验。类似这样的种种矛盾心理与行为，都体现出了其性意识的强烈性和掩饰性。

3. 性心理的不稳定性和压抑性。由于不少大学生的心理还不够成熟，尚未形成稳固的、正确的道德观和恋爱观，加上其自身的自控能力较薄弱，因此他们的性心理容易受外界不良的影响，呈现出不稳定性。大学生所处的年龄段正是一生中性欲最旺盛的时期，一些同学由于性能量得不到合理的疏导、升华而导致过分压抑，少数学生还可能以扭曲甚至病态的方式表现出来。

4. 性心理的性别差异性。大学生的性心理存在着明显的性别差异性。在对异性感情的流露上，男生比较强烈热情，而女生则表现得含羞矜持；在内心体验上，男生更多地体现为新奇、神秘和兴奋，而女生则更多表现为羞涩、敏感和无所适从；在表达方式上，男生比较主动直接，女生往往委婉被动。另外，男生的性冲动容易被性视觉刺激引起，而女生则易在听觉、触觉刺激下产生。

5. 性心理的随意选择性。部分大学生抱着"填补空虚、逢场作戏"的想法，仅仅为满足性欲的需求而随意选择恋爱的对象，在性的问题上，表现得轻率如儿戏，甚至持"性解放"的观点。这种"游戏人生"的性心理不仅给对方带来极大的伤害，也会给自己带来恶果。

6. 对性心理指导的渴望性。大学生虽然对性充满了幻想和情欲，但是由于害羞心理，很少向父母、老师吐露。向同龄好友倾诉又不能得到想要的指导性答案，因为相似的生理、心理成熟程度使得彼此都是处于困惑期。他们通常是在压抑中任其自然发泄或增长，或者通过写日记的方式求得内心的释放。因此大学生对于有关性心理指导方面的信息表现出了强烈的诉求，他们渴望得到系统的性知识。因此，加强在校大学生的性知识教育，是我们目前迫切需要解决的问题。

（五）大学生性心理存在的主要困扰

1. 性认知偏差。由于对性所持有的不科学认识，导致一些大学生错误地认为性是下流肮脏、不道德的事情。他们对自己的性冲动感到羞愧、自责。有一部分学生表现出与年龄不相符合的"性纯洁"，觉得性欲与爱情无关；还有一部分同学过于强调性爱的重要性，甚至为满足自己的欲望而不择手段。这些性认知上存在的偏差，不仅是一种不健康的性心理表现，而且也会引起一系列性心理障碍。

2. 性焦虑。青年男女性心理的矛盾、冲突都是性焦虑的诱因，主要表现在对自己以第二性征为重点的体貌上的不满和担忧，以及在自身所扮演的性角色上的焦虑。比如一些男生为了显示自己的男子气概，故意作出像冒险、打架等大胆、粗鲁的行为。这种性焦虑往往使他们追求外在的现象，而忽略事物的本质。

3. 性恐惧。大多数性恐惧是由遗精和痛经引起的。最初的射精和月经初潮会让少男少女感到慌乱和恐惧。这种由第一次性生理所引起的性心理反应，对他们日后性心理的正常发展将产生深远影响。不少学生由于缺乏必要的性科学知识，对所出现的性心理现象毫无心理准备，导致了性恐惧心理的产生。

4. 性敏感。性敏感是指对性信息表达出的一种强烈的心理反应。由于影视作品、文学书刊对性爱内容的渲染及社交活动等，促使青少年对性的强烈的猎奇心理和主动追求。此类现象的产生与性意识形成期的过度压抑有关，越是被禁锢的东西，越是人们向往的东西。对待性敏感要综合处理，不要一味地地压抑，应客观理性地对待性信息。提倡男女同学之间建立纯洁的友谊，营造健康的交往氛围，使人的性本能在合适的渠道中以升华的方式得到宣泄，从而保持心理上的平衡。

实验实训

提升爱的能力团体训练

目的：爱的能力是一种综合素质的融合，渗透在爱的过程中的每个环节，主要包括：表达爱的能力、接受爱的能力、拒绝爱的能力、鉴别爱的能力、解决爱的冲突的能力、失恋的心理承受力。只有全面提升以上爱的能力，才能使爱情的花朵在大学校园里盛情绽放。

（一）我的选择

按男女分组讨论心目中的他（她）

我喜欢什么样的异性

外表：________________________

性格：________________________

行为方式：______________________

我不喜欢的异性的特质

外表：________________________

性格：________________________

行为方式：______________________

（二）情景剧

以小组为单位重新编排、演绎陆游和唐琬的爱情故事。

红酥手，黄縢酒，满城春色宫墙柳。东风恶，欢情薄，一怀愁绪，几年离索。错，错，错。

春如旧，人空瘦，泪痕红浥鲛绡透。桃花落，闲池阁，山盟虽在，锦书难托。莫，莫，莫。

陆游的这首《钗头凤》道出了自己内心因爱而生的苦痛与无奈，他与唐琬的爱情悲剧一直广为流传，令世人叹惋。如果你是陆游或者唐琬，你会作出什么样的爱情选择，实现自己的幸福呢？让我们穿越回宋朝，以自己对爱情的理解来重新演绎这段凄美绝唱，发挥自己爱的能力，改变主人公悲凉的命运。

（三）两性对比：男生女生"爱"不同

目的：爱情摩擦的产生很多都是建立在恋爱双方对彼此不了解的基础之上的，于是分歧、误解、矛盾甚至心生怨恨就相伴产生了。其实男人和女人无论是在生理上还是心理上，无论是在语言上还是在情感上，都是大不相同的。了解这些不同，对于双方理智地看待冲突，化解恋爱僵局具有很大的帮助。

步骤1：每5～10个同性别的同学组成一个小组，将小组同学的意见和说法综合起来，回答下列问题：

选择恋爱对象时，你认为对方具有哪方面的特质最重要？

(1)面对心仪的异性，你会怎样接近他(她)？

(2)你怎么样向恋人表达你对他(她)的关心？

(3)你怎么样向恋人表达你对他(她)的感谢？

(4)你怎么样向恋人表达你对他(她)的不满？

(5)你怎么样向恋人表达你自己心情低落？

(6)你怎么样向恋人表达你最近生活压力很大？

(7)你会以何种方式应对两人相处时出现的冷战局面？

(8)你怎么看待爱情与性的关系？

步骤2：待各个小组完成讨论以后，各组同学一起猜想另一半同学的答案。最后，由老师组织安排男、女生小组在全班范围内做本小组总结汇报，方便大家了解自己的猜想与对方实际答案的吻合程度。

（四）案例情境研讨

案例：雪儿和张阳是高中同学，高三的时候，两人不顾老师和双方家长的反对恋爱了。高中毕业以后，虽然没有考进同一所学校，但都在一座城市，他们俩都很高兴。父母也基本上默许他们之间的来往了。

虽然他们学校之间距离很远，但刚上大一的时候张阳每个星期都会来雪儿的学校找她两三次，每天晚上都会通电话。但是这种状况并没有持续很久，两个人见面的时间开始减少，到大一下学期的时候，张阳半个月才来找雪儿一次，后来基本上都是雪儿去找张阳，但是张阳都表现出很不耐烦的样子，于是他们就经常开始争吵。

随着吵架的次数越来越多，雪儿就越来越觉得累。很多时候想到了分手，但是又真的舍不得这段将近两年的感情。

后来有一次雪儿偷偷查了男朋友的手机通话清单，发现他跟一个女生来往很密切。雪儿给那个女生打电话，骂了她。“当时真的控制不住自己，我完全想象不出来自己会像个泼妇一样骂人！”张阳知道这件事情以后，说雪儿是无理取闹，跟她提出了分手。雪儿追问张阳和那个女生的关系，张阳说是学校社团的事情才联系的。雪儿不相信，继续追问，张阳就根本不解释了，两个人的感情陷入僵持状态。

到现在，两个人已经半年多没有联系过了。但是雪儿心里面还是放不下他。“知道这样不好，可控制不住自己啊！”分手之后，张阳并没交其他的女朋友，所以雪儿想那件事情是误会他了，所以很后悔。如果当初能冷静些，就不会和他分手了。每天雪儿都会不由自主地想到这些，越想越放不下他，越想越难受。每天心情都很不好，睡觉也睡不好，总是会梦见与张阳重归于好，没有心情做任何事情，不想上课，也不想和同学交往。

以小组的形式展开讨论，分析案例中雪儿与张阳两个人各自该对这份不完满的感情所承担的责任，并且帮助雪儿找出走出困境的方法。

（五）角色扮演：分手与失恋

目的：失恋是大学生恋情中常见的情感挫折，也是对其情绪调适能力的考验。当不得不面对失恋时，我们要理性地看待失恋，学习正确对待失恋的方法，学会在失恋的痛苦中实现心智的成长。

步骤1：七嘴八舌话失恋。尽管失恋是痛苦和不幸的，但是也不是完全没有益处的，因此请同学们以各小组为单位，分别列举失恋的好处。每个小组最多可以列举十条，然后在全班范围内由全体同学共同评比出最有说服力的内容，并将此作为全班共同的“失恋战线宣言”。

步骤2：转换角度看失恋。小组讨论在失恋时做哪些事情可以有效地缓解低落的情绪，并将讨论结果公布讨论。（要求涉及的内容越具体越好，比如，看电影是缓解痛苦的方法，那么具体哪一部电影是值得推荐给失恋的人看的呢？）

体验感悟

1.“爱有一万种可能……”请结合实际并发挥想象，完成下列填空题。

爱有一万种可能，它可以让我（　　　　　　　　　　　　　　　　）；

爱有一万种可能，它可以让对方（　　　　　　　　　　　　　　）；

爱有一万种可能，它可以让彼此（　　　　　　　　　　　　　　）；

爱有一万种可能，它可以让家庭（　　　　　　　　　　　　　　）；

爱有一万种可能，它可以让学习（　　　　　　　　　　　　　　）；

爱有一万种可能，它可以让生活（　　　　　　　　　　　　　　）。

2. 搜集古今中外关于爱情的诗篇或者文章，同学之间互相传阅交流，体会爱情的美感与实质。

3. 总结你眼中的关于大学生性心理问题的关键词，并阐述理由（如：性角色、性冲动、性教育等）。

推荐书籍

1.［美］艾里克·弗罗姆. 爱的艺术. 李建鸣译. 上海：上海译文出版社，2008.

推荐理由：艾里克·弗罗姆（Erich Fromm）是人们所熟悉的现代心理学家。《爱的艺术》是他流传已久的经典之作。弗罗姆作为弗洛伊德精神分析学派的代表人之一，其在心理学发展史上的地位举足轻重，而《爱的艺术》集心理、人类、伦理、宗教、社会学等学术精华和几十年理论研究于一身，被列为当今心理学的必读之作。

《爱的艺术》从人类最关注的爱情话题着手，探讨了爱的本质、爱的历史以及爱在现今时代所遇到的价值和精神危机。爱是一切教育的前提和核心，但是，爱是什么？我们真的理解爱，甚至真的在爱吗？这本书的阅读，不但有助于我们理解博爱、自爱、父母之爱、性爱、上帝之爱等等，更能帮我们理解自己的生活。理解自我,洞悉幸福背后的秘密。

2. 毕淑敏. 爱怕什么. 北京:华夏出版社,2007.

推荐理由:有人这样评价过毕淑敏:在热闹而浮躁的文坛,毕淑敏似乎自立门户,不能把她归属于任何一个派别。她不以学问见长,也不以前卫的语言标榜;她不是江南的青山秀水,也不是草原上的黑骏马,她似乎是从五千年的文化传统中走来,但又不全是传统文化的回归。她把日常生活中极为平常的事物作为审美客体,把人人都经历的事情写得妙趣横生。这种朴实无华的文风,很有一点"平淡而山高水深"的境界。

毕淑敏在《爱怕什么》中以散文的形式,以诗一般的文字告诉我们"爱"是世界上最有记忆的金属,她是那么具有夺目的光泽,是那么具有多艳的色彩。"爱"是人世间最具有情感、最具魅力的,是任何物品所替代不了的。《爱怕什么》被现代人称为"心理散文",在读的过程中,会情不自禁地被毕淑敏对"爱"的深刻理解和女性特有的细腻情怀而打动。

第八章　历经风雨方见彩虹
——大学生的挫折应对与压力管理

大变动的时代，想要在这时代生存，就必须有弹性、有学习意愿、创新、有自信、乐观，并且善于消除压力，让你可以走更长更远的路。

——彼得·德鲁克

心灵成长

一、校园故事

大学二年级学生晓彤，近两个星期以来自感没有食欲，经常失眠。先是父母开了多年的小饭馆旁边新开了几家饭店，店里的生意越来越差，眼看关门在即，让晓彤感到一种无形的压力，既害怕因经济困难影响学业，又担心继续上学给父母带来负担。如今，与相处了两年的男友之间关系也日趋紧张，看来分手的日子也快到了。晓彤把所有的精力放在学习上，可是学习结果一团糟，一向成绩优秀的她，期中考试居然有两门课程挂红灯。当许多人在一起的时候，她总是找个借口离开，不想跟任何人说，不想做任何事情，就想吃东西，常常是在食堂吃过后，又到超市买一大堆饼干或者别的东西回宿舍吃，看着满满的垃圾桶，晓彤不由得长叹一声……唉！

※※※

“下沙高教园区的企业招聘会你去了吗？”赵兰一脸沮丧地问同学，可是同学们却说刚进大学怎么就操心就业了。然而，拥挤的大学生在找工作的那个场景，总是在赵兰脑海里反复呈现出来，让赵兰对自己的未来产生一种莫名的担忧。赵兰一直很脆弱，经常为一些小事心里纠结，赵兰怎样可以让自己的内心变得强大？

二、人生何处无坎坷

压力是现代社会人们最普遍的心理和情绪上的体验。所谓“人生不如意事十常八九”，谁的人生都不可能总是一帆风顺，坎坷挫折时有发生，面对种种不如意，人们常常会焦虑不安，内心体验到巨大的压力。随着大学生生活重心、学业目标的转移，每个阶段关心不同的问题，也会产生不同的压力。在大一阶段，面对新的学习方式、陌生的人际关系、相对宽松自由的校园环境，许多大学新生无所适从，过去的自信可能荡然无存。大二、大三阶段面临着情感、交往、学习等种种新问题，让人难以应付。大四阶段面临着考研、择业等人生的大课题，在考研过程中深切感受到书到用时方恨少，在择业过程中深刻体会到社会竞争的激烈。

学校生活压力是重要的压力源。一方面，大学生能够在青春动感、缤纷绚丽的各种校园活动中分享快乐与喜悦；另一方面，一些大学生往往会在“热闹、喧嚣的活动”与“宁静致远的学习”的选择中举棋不定、左右为难，进而难免遭受挫折或者因担心要遭受挫折而产生紧张、恐惧的情绪状态。这也是许多大学生感叹自己压力大的重要原因。

大学生人际关系也是一个重要的压力源，如室友影响：在寝室里找到一个跟自己志同道合的人不是一件容易的事，你可能会觉得寝室每个人的生活习惯完全不同，甚至相互会有一些干扰和影响。可我们都知道，好朋友不一定是好室友，但室友可能成为长久的朋友，室友给你的压力在于，在各种情况下，不管好的还是坏的，你都要学会和而不同，发挥出你的交际技能。

大学时期的友谊具有特殊的意义，随着你的成长、成熟，你可能会重新定义价值观，而你的朋友也会跟你一样发生变化，友情可能因此而出现波折，需要你经常去想办法改善人际关系，继而你会明白，你并不能和每一个你喜欢的人做朋友，特别是在大学这样一个其他压力也很大的环境中，维系一段亲密关系需要付出很多，一旦失恋，可能给一方或双方带来巨大的打击，使人无心向学、荒废学业。

此外，青年大学生身心发展也蕴含着某些压力。从生理发展的压力来看，主要表现为性成熟与性冲动的压力，生理性自卑以及精力、体力旺盛无处发泄等方面。个体在内分泌的积极作用下，产生强烈的“性驱力”，如果不能适当地排解，可能产生生理上、心理上的紧张压力。如男生的身高不如人，女生的容貌不如人，就会产生生理上的自卑，影响到个体的自信心，形成心理上的压力。

人生无论是遭遇困境，或是追求成功，都需要了解挫折和压力对我们的影响，学习有效应对压力的技巧。不过应对压力是一个过程，而不是结果。许多人因为匆忙的生活方式和对即刻满足的期望，试图消除压力，而不是管理、调节压力，结果挫折和压力不仅没有消失，反而给身心造成损害。

一天，一只茧上裂开了一个小口，有一个孩子正好看到了这一幕，他一直在观察着，蝴蝶在艰难地将身体从那个小小口中一点点地挣扎出来。几个小时过去了，蝴蝶似乎已经竭尽全力，不能再前进一步了，孩子实在看得心疼，决定帮助一下蝴蝶，他拿来一把剪刀，小心翼翼地将茧剖开，蝴蝶很容易地挣脱出来，但是它的身体很萎缩，翅膀紧紧地贴着身体。孩子观察着、等待着，期待着某一时刻，蝴蝶的翅膀会打开伸展起来，足以支撑它的身体，成为一只健康美丽的蝴蝶……

然而，这一刻始终没有出现。这只蝴蝶在余下的时间里可怜地带着萎缩的身子和瘪塌的翅膀爬行，它永远也没能飞起来。这个好心的孩子并不知道，蝴蝶从茧上的小口挣扎而出，这是上天的安排，要通过这一挤压过程将体液从身体挤压到翅膀，这样它才能在破茧而出后展翅飞翔……

能够承受挫折和压力，不断提高自身的应对能力，是大学生适应社会，历练成才的关键。卡耐基说，没有人能有足够的情感和精力，既抗拒不可避免的事实，又创造一种新的生活，你只有在这两者中间选择一样。

心理视点

一、走出心灵困境

（一）认识压力

在东方文化中，压力被认为是内心平和的缺失；在西方文化中，压力则是一种失去控制的表现。压力一词被用来描述人们在面对学习工作、人际关系、个人责任等的要求时所感受到的心理和精神上的紧张状态。从心理学角度来说，压力是由于事件和责任超出个人应对能力范围时所产生的焦虑状态。从生理学角度来说，压力是身体的疲惫和受折磨程度。而当这一领域的研究扩展到包含心理、生理、情绪、精神等多种成分的、复杂的、多面的、整体的现象时，“整体压力管理”的界定出现了。压力是一个人无力应对觉知到的（真实存在或想象中的）自己心理、生理情绪及精神受到威胁时所产生的一系列生理反应及适应现象。这里强调“觉知到的”，是因为一个情境对于某些人是有威胁的，但对于另一些人却未必构成压力。不是所有的压力都是有害的。人类身体需要体内平衡或生理的平静，但也需要一定程度的生理唤醒，以保证许多器官处于最佳功能状态。

当压力作为一种积极的动机出现时，就被认为是有益的。这种正性压力是好的压力，产生于个体被激发和鼓舞的情景中。一般来说，属于正性压力的情景都是令人愉快的，因此，它们不被视作威胁。正性压力可以成为精神上的兴奋剂，它能够增强大脑的兴奋过程，提高大脑的生理机能，使人思维更敏捷，反应更迅速，积极地调动身心的潜能去改变环境，迎接挑战。如果没有压力的话，人生就会变得很枯燥乏味。但是，如果一个人面对的心理压力过大，而自身的精神和肉体承受能力有限，那么，超出这个最理想的点，就可能会给身心健康造成较大的伤害，这就是负性压力。当压力增加，正性压力会逐渐转化为负性压力，绩效或健康状况随之下降。最佳的压力水平是适中。如果每个人的最佳水平都是一样的，那么问题就简单了，但事实上不是这样。因此，任何有效的压力管理程序的焦点都有两个方面：一是找到你的最佳压力水平，使它有益你而非伤害你；二是使用应对技术和放松技术降低生理唤醒水平，使你能够远离压力过大的危险区域。

（二）压力的身心反应

当人们面临压力时会产生一系列身体上和心理上的反应。这些反应在一定程度上是机体主动适应环境变化的需要，它能唤起和发挥机体的潜能，增强抵御和抗病能力。但是如果反应过于强烈或持久，就可能导致生理、心理功能的紊乱。在压力下通常表现出来的生理、心理和行为方面的反应，主要有以下几种：

1. 压力下的生理反应。个体在压力状态下会出现一系列生理反应，主要表现在自主神经系统、内分泌系统和免疫系统等方面，会出现心跳加速、心率加快、血压增高、呼吸急促、激素分泌增加、需氧量增加、消化道蠕动和分泌减少等，导致头痛、胃痛、气喘、高血压、心悸、腹泻、出汗、肌肉僵硬等状况。尽管疲倦，入睡却困难；消化系统不良，食欲不振，或不由自主地饮食过度。研究发现，心理压力很大的人，常需不断进食，以消除心理的紧张，这就造成胃肠负担过重，久而久之就会伤害消化系统。

2. 压力下的心理反应。压力引起的心理反应有警觉、注意力集中、思维敏捷、精神振奋等，这是适应的心理反应，有助于个体应对环境。例如，学生考试、运动员参赛，在适度压力下竞争容易出成绩。但是，过度的压力会带来负面反应，出现消极的情绪，如忧虑、焦躁、愤怒、沮丧、悲观失望、抑郁等，会使人思维狭窄、自我评价降低、自信心减弱、注意力分散、记忆力下降，表现出消极被动。心理学研究还表明，过度的压力会影响智能，压力越大，认知效能越差。个体在压力状态下的心理反应存在很大差异，这取决于个体对压力的知觉和解释以及处理压力的能力。

3. 压力下的行为反应。当个体面临压力时会有各种行为变化，这些变化决定于压力的程度以及个体所处环境。压力下的行为反应可分为直接反应与间接反应。直接反应指直接面对引起紧张的刺激时，为了消除刺激源而作出的反应，例如路遇歹徒或与其搏斗或逃避。间接反应指借助某些物质暂时减轻与压力体验有关的苦恼，例如借酒消愁。一般而言，轻度的压力会促发或增强一些正向的行为反应，如寻求他人支持，学习处理压力的技巧。但压力过大过久，会引发不良适应的行为反应，如谈话结巴、刻板动作、暴饮暴食、攻击行为、失眠等。

压力是由主客观因素共同构成的，压力适应的心理生理过程分为三个阶段：

第一阶段是警觉反应。这一阶段中，由刺激的突然出现而产生情绪的紧张和注意力的提高，体温与血压下降，肾上腺分泌增加，是发现并引起警觉，准备搏斗的阶段。这一阶段，许多身体系统被激活，最先是神经系统和内分泌系统，接着是心血管系统、肺和肌肉骨骼系统，就像烟雾报警器在起火时发出警报一样，全身的感官都处于警戒状态，直到危险解除。

如果压力继续存在，身体就进入第二个阶段，即抗拒、搏斗阶段，是调动体能应对事件，消除和缓解压力，或逃避压力阶段。这一阶段身体试图恢复平静状态，但由于身体持续被激活、新陈代谢加快，个体内在的生理和心理能量大量消耗而变得敏感、脆弱，久而久之，一些器官负荷不了，继而进入第三个阶段。

第三阶段是生理心理能量大量消耗而“精力衰竭”的阶段。这个阶段如果个体能够适应压力，经过恰当的调整和能量补充，机体恢复正常。如果个体不能适应，机体功能难以恢复；如果压力源仍在产生，机体资源已经耗尽，功能被破坏，个体就可能患病甚至产生更严重的机体伤害。可见，压力下的生理反应可以调动机体的潜在能量，提高机体对外界刺激的感受和适应能力，从而使机体更有效地应付变化。但过久的压力会使人适应能力下降。

（三）压力的影响因素

压力是由刺激引起的，不良的刺激会引起压力，愉悦的刺激也会带来压力。生活中压力是自然的、不可避免的，但每个人感受到的压力是不同的，即使是同样的刺激，不同的人压力感也不同。影响不同的人压力感有很大差异的主要因素可以归结为以下几个方面：

1. 经验。当面对同一事件或情境时，经验影响人们对压力的感受。对

并没有马上游动，而是转着圈子，发出“吱吱”的叫声。小白鼠是在测定方位，它的鼠须就是一个精确的方位探测器。它的叫声传到水池边沿，声波又反射回去，被鼠须探测到，借此判定水池的大小、自己所在的位置，以及离水池边沿的距离。它尖叫着转了几圈以后，不慌不忙地朝选定的方向游去，很快就游到岸边。接着，心理学家把另一只小白鼠的鼠须剪掉后，放入同样的水池中。这只小白鼠也发出“吱吱”的叫声。但是，由于“探测器”不复存在了，它探测不到反射回来的声波。几分钟后，筋疲力尽的小白鼠沉至水底，淹死了。对此，心理学家解释道：被剪掉鼠须的小白鼠进入水池后，由于无法准确地测定方位，探不到其实很近的水池边沿，以为自己无论如何是游不出去的。因此，它停止了一切努力，自行结束了生命。通过这个试验可以得出一个推论：没有绝望的处境，只有对处境感到绝望的人。

二、与压力共舞

上帝造了一群鱼，这些鱼种类繁多，大小各异。为了让它们具有生存本领，就把它们的身体做成流线型，游动起来可以减小水的阻力。当这些鱼被放到大海里的时候，因为鱼的身体比重大于水，鱼一旦停下来便会下沉，沉到一定深度就会被水的压力压死。于是，上帝给鱼安上鱼鳔，于是鱼就可以在海里随意沉浮。

鲨鱼是个调皮的家伙，一入海便消失得无影无踪，上帝费了好大的劲也没有找到它，就以为鲨鱼会因缺少鳔而很快沦为海洋中的弱者，最终将被淘汰。

很多年之后，上帝想看看那些鱼生存得怎么样。结果让上帝十分惊讶的是，当初只有鲨鱼没有鱼鳔，它要比别的鱼承担更多的风险和压力，现在看来，鲨鱼无疑是鱼类中的佼佼者，这到底是怎么回事呢？

鲨鱼说：“我们没有鱼鳔，就无时无刻不面对生存的压力，我们就一刻也不停止游动，否则我们就会沉入海底。所以，亿万年来，我们从未停止抗争，这就是我们的生存方式。”

生活中，我们也经常有这样的感觉，挑着重担的人比空手徒行的人走得快，其中的奥妙便在压力之中。一定的高度积蓄一定的势能，相对的压力蕴藏着相对的动力。事实证明，人们成就事业的过程，往往就是勇于面对压力，战胜挫折的过程。当你身心疲惫时，当你面临挑战时，当你感到沮丧时，当你追求卓越时，必须坦然地面对和承受，因为每个难题来到你面前都带着一份意外的礼物。

(一)弗洛伊德与鸡蛋

人们在碰到挫折和压力时,容易心理失衡,感到不适应,甚至很痛苦,出于自我保护的本能,人人都会自觉或不自觉地采取某种方式来摆脱痛苦,减轻焦虑和紧张的情绪,维护自尊,恢复心理平衡。

弗洛伊德把人类心理的复杂性巧妙地比喻为一个鸡蛋,由人类复杂的思想、记忆和感觉相互作用而成。跟鸡蛋一样,人们的心理是非常脆弱的。鸡蛋有一层外壳,保护其不受外界的攻击,心理也是如此。压力是由于内部刺激和外部刺激共同引起的,当自我防御系统不能起到保护功能的时候,焦虑和恐慌随之而来。个体的防御系统由一些思维进程或防御机制组成,用来保护敏感脆弱的自我,把感受到的压力最小化。在弗洛伊德看来,防御机制是一系列应对压力的策略。

事实上,个体有很多自我保护机制,在各种防御机制中,有些是积极的,有些是消极的,也有的是平衡性的。

1. 积极防御机制

积极的防御机制是一种理智的、有促进作用的防卫机制。

(1)升华。个体遭受挫折后,改变不被社会所公允和接纳的动机行为,导向比较崇高的方向,将挫折和压力转化为一种激励的力量来提升自己,以利于社会和个人的发展。如屈原被放逐赋《离骚》、司马迁受辱而著《史记》等,都是富有建设性的防卫机制。

(2)补偿。当个体由于生理或心理上的缺陷而感到不适时,便力图以某种方式来弥补这种缺陷,以发展其他方面的特点来补偿或消除这种不适感。如失手后用脚,相貌不佳性格好,等等,即所谓“失之东隅,收之桑榆”的防卫机制。

(3)幽默。幽默是一种独特的防御系统,身处困境或尴尬时,通过含蓄、俏皮、双关以及自嘲等方式来应对和调节,可以同时降低痛苦并增加愉悦,是智慧而先进的一种防御系统。

2. 消极防御机制

消极的防御方式,又叫非理智反应。

(1)攻击。个体遭受挫折后,引起愤怒的情绪,对构成挫折的人或物立即直接地攻击,是鲁莽、不成熟、心胸狭窄的标志;个体在遭受挫折后,把愤怒的情绪发泄到同构成挫折不相干的人或物上去,如迁怒、无名火或烦恼、自责,这是转向攻击。

(2)压抑。压抑是个体对可能带来痛苦或不舒服的刺激无意识回避或拒绝。压抑的结果可以使个体暂时减轻焦虑,获得安全感,但其实,问题并没有真正消失,而是深藏于潜意识中。过度的情感压抑是不利于身心健康的,甚至还可能导致病理状况。负面情绪减小了反应强度,正面情绪也会同样地减小。

(3)退化。或“倒退”或“回归”,指个体受挫后,表现出与自己年龄、身份不相称的幼稚行为来应付挫折或取得满足。捶胸顿足、号啕大哭、撕破衣服、咬手指头、无理取闹、毫无理由地担心、轻信谣言等。

3. 平衡性防御机制

(1)合理化。合理化是某种行为或环境真实性的重新解释。合理化就像一个过滤镜,使得有威胁的行为或想法被重新解释为可接受的、合乎情理的。如“酸葡萄心理”,你与恋人分手时,你会说你早就认为这样的关系是在浪费时间,从而感到安慰。

(2)替代。有一些给自我造成痛苦的东西是不可接受或不能被直接解释的,此时,这种痛苦的感觉就会被转移到一些无关的他人或物体上。替代包括转移情绪痛苦和不能接受的目标,比如你的室友是个性情古怪的人,你可以不理他,但你没有这么做,而是回到家中不理睬对你示好的小猫。生气和攻击的感觉常常像这样被替代。

(3)投射。把自己不能接受的感觉、刺激和行为指向他人或其他目标,比如小狗、球拍或天气。通过这种方法,当某种情绪或刺激出现时会缓解压力和痛苦的感觉。

阅读材料 8-2

韦恩·戴尔的内疚担忧论

韦恩·戴尔在他的畅销书《误区》中写道:我们在过去或未来想要占有的东西压制了我们对此时此刻的欣赏,这就夺取了我们放松或保持平和心态的能力。内疚和担忧都与某种压力相关,内疚是自我生气的表达,担忧是恐惧的表现。当这些情感反应被触发时,人们会趋向于延迟反应和错误决定。所以,内疚和担忧是压力管理最无效的处理方式,因为它们阻碍了压力事件的解决方法。戴尔认为,内疚的感觉在某种程度上能够导致压力。当内疚超过一定程度的时候，就对其他的想法和感觉产生麻痹作用，并阻止积极行为的发生。

内疚与过去的思想、行为相联系，而担忧针对未来即将发生的事情。人们特别容易对那些他们不能控制的事情产生担忧。能够区分担忧未来和计划未来对于每个人都是非常重要的，创造性的想法会对未来产生更大的作用，使潜在的压力最小化。而担忧阻碍了当前的想法和自我控制，然后用想象力创造出一系列很坏的情节来，所以这一切看起来都很真实。比如一些人担心毕业后找不到工作，闷头思考找不到工作和毕业的危险。担忧往往会导致处理现状的效率低下，然后产生更多的担忧。

内疚和担忧对一个人当前的精神状态来说都是消极的，是不具创造性的情感认知状态，这些情感是一种能量的浪费。自我是这两个错误情感的原因，自我转变得越快，我们到达爱的境界就越快。因此，在压力状态下，当内疚和担忧进入你的意识时，要消除它们，就要对事件制定计划来重新建立概念，接受过去的事物作为重要的压力调节机制，以确保在人生的道路上继续前进。

（二）“压弹”培养

压弹（resilience）是指个人面对生活逆境、创伤、悲剧、威胁及其他生活重大压力的良好适应，也就是一个人面对生活压力和挫折的“反弹”能力。压弹，作为心理学的一个新概念，其意义主要有两方面：一是压弹强调了社会适应对身心健康的重要性；二是压弹强调了人们面对挫折和逆境时应激与应对之间的良性互动。生活中有的人可能很善于承受压力，却不善于化解压力，结果就会变得越来越逆来顺受，而不善于积极反弹应对；也有的人可能很善于抗逆压力，却不善于承受压力，其结果就会变得越来越不耐烦生活的压力，纵使加以化解也不会感到开心，只能感叹：“活得真累！”“压”与“弹”的完美结合，应该是耐挫力与排挫力的和谐一体，互为促进。这种心理弹性越大，则越不容易被困境击倒，遭遇困境后恢复的速度也更快。南非前总统曼德拉曾说：“生命中最伟大的光辉不在于永不坠落，而是坠落后总能再度升起。”

一个人能够把挫折转变成契机，他就会走向成功。这个转变是痛苦的，也是快乐的。如果把挫折转变成止不住的眼泪，或者不断地抱怨和失望，他就会走向低谷。挫折是主观意志的实现受到阻碍，所引发的情绪反应有几种：一是将愤怒的情绪发泄到阻碍目标达成的人或事物上；二是体现为一种弥散性的愤怒，会把愤怒的情绪发泄到不相关的人或事物上；三是怒的情绪指向自身，怨恨自己无能，消沉失望。因此，在挫折发生的第一时间，首先需要处理的是不良情绪。我们的行为模式并非牢固得永难更改。如果我们做事的态度一直是消极的、束缚的，那并不是我们的心智出了毛病，只不过是反复使用了某种不好的行为模式。无论这种模式是对别人还是对自己，你都得立即终止，改换成一种新的模式。毕竟我们不是机器人，不受设定的程序所摆布。我们对自我有绝对控制的能力，只要有决心，认清症结所在，改变只是瞬间之事。

提高自尊的方式是压力管理的一个重要目标，建立并维持高自尊能够在人生旅途中指引我们的内在资源，缺少自我价值的感觉，与压力斗争的策略就毫无用处。你应该每天有规律地维护你的自尊，就像刷牙和吃饭一样，这是非常重要的。低自尊是压力易感性人格的共同要素，高自尊是产生压力耐受性人格的前提。当我们认为自己价值很低或没有什么价值时，我们就变得容易受到他人影响，容易变得防御和受挫，倾向于责备他人，也易于被感知到的压力攻击。相反，如果我们具有高自尊，能承担责任，乐于接受新挑战，问题和忧虑就容易被忽视，能够很好地容忍挫折。自尊由感觉、记忆及对自身身份、地位、意义的思考不断培养而成。然而，自尊是一个可变的整体，个体自我价值就存在其中。如果人们改变外在形象而心理的自我形象依然很糟糕，再多的外科手术也无法改变个体对自己的感受。改变首先应该是来自内在的，即培养我们的内部资源，如信心、勇气、爱、同情以及毅力。如果你的自尊水平低，那么，你的自我也就会低。

传统心理学过分关注病态和变态心理对个人和社会的影响，积极心理学是个人最佳功能状态（optimal functioning）的科学研究。积极心理学认为，对积极主观经历、积极人格特质及积极生存环境的研究，会提高一个人的生活质量。压弹作为耐挫力和排挫力和谐统一的心理能力，十分强调对应激的迅速反应及应对策略的合理选择，即个人“对压力结构的反省意识及其克服策略的迅速反应”。压弹的成效取决于应对策略的合理运用。

“压弹”的弹性，在待人上表现为“宽容”，在处事上表现为“放松”。每个人心中都有一把“快乐的钥匙”，但我们却常常在不知不觉中把它交给了别人掌握，生命的弹性就萎缩了，“压弹”培养，就是学会掌握自己快乐的钥匙。

2005 年访问过我国的美国女国务卿赖斯，其奋斗史颇有传奇色彩，短短20 多年，她从一个备受歧视的黑人女孩成为世界著名外交家，奇迹般地完成了从丑小鸭到白天鹅的嬗变。有人问她成功的秘诀，她简明扼要地说：因为我付出了“八倍的辛劳”。

赖斯小的时候，美国的种族歧视还很严重，特别是在她生活的伯明翰，黑人地位低下，处处受白人欺压。赖斯10岁时全家到首都游览，却因身份是黑人而不能进入白宫参观。小赖斯倍感羞辱，凝神远望白宫良久，然后回身一字一顿地告诉父亲：总有一天，我会成为那房子的主人！赖斯的父母很赞赏她的志向，就经常向她灌输这样的思想：改善黑人状况的最好办法就是取得非凡的成就，如果你拿出双倍的劲头往前冲，或许能赶上白人的一半；如果你愿意付出四倍的努力，就得以与白人并驾齐驱；如果你愿意付出八倍的辛劳，就一定能赶在白人前头。

为了能“赶在白人的前头”，她数十年如一日，以超过白人“八倍的辛劳”发奋学习，增长才干。普通美国白人只会讲英语，她则除母语外还精通俄语、法语、西班牙语；普通美国白人大多只能进一般大学学习，她则考进名校丹佛大学拿到博士学位；普通美国白人26岁可能研究生还没读完，她已经是斯坦福大学最年轻的教授，随后又成为了斯坦福大学历史上最年轻的教务长；普通美国白人大多不会弹钢琴，可她不仅精于此道，而且还曾获得美国青少年钢琴大赛第一名；此外，她还精心学习了网球、花样滑冰、芭蕾舞、礼仪。天道酬勤，“八倍的辛劳”带来了“八倍的成就”，她终于脱颖而出，一飞冲天。

如果身处逆境，你可以埋怨生存环境不好、竞争不公平、别人歧视、受到不公正的待遇等，那的确是事实，也很令人同情，可那些东西既非短时间里能彻底改观，也非个人之力能扭转乾坤。所以，更重要的是我们应该通过自己的不懈奋斗，通过“八倍的辛劳”，来最大限度地充实完善自己，提高自己的竞争实力，使自己成为一流的人才。到了那时，先前困扰你的种种羁绊，就会统统被踩在脚下。是金子总要发光，但首先你要是金子。有耕耘就有收获，渴望成功却又总与成功无缘的人，无须怨天尤人，不妨先问问自己：你是否付出了“八倍的辛劳”?

危机一词，放在一起是坏事，但分开来一危一机，危中有机。困难就是机会，危机就是转机；挫折越多，离成功越近。生命的弹性，就是让我们体验耐挫与排挫的能量。乘坐过飞机的人，也许会注意到，当飞机绕过云团或穿过气流之时，颠簸得很厉害，有时机翼好像要裂开一样。第一次遇到这种现象的人可能会因此虚惊一场。为什么会出现这种现象呢？原来机翼是有很大弹性的，这样可以适应恶劣的天气。如果机翼太僵硬，就无法承受气流迅速变化的压力，而容易折断或撕裂。这种特性就叫“容忍度”，也就是弹性。

有“压”就要“弹”，把压抑和不满及时疏导出去，这样才能保持心态的平衡，增强耐挫力。

人生的快乐来源于哪里？代表了一代人梦想的拿破仑，得到了世界上绝大多数人渴望拥有的荣耀、权力和金钱，但他却说：“我这一生从来没有过一天快乐的日子。”海伦，美国残疾女青年，失聪、失明、失语，可她却表示：生活是这么美好。你的快乐与否正是你的生活态度造成！

要保持乐观的心态，一是不要拿自己的错误惩罚自己；二是不要拿自己的错误惩罚别人；三是不要拿别人的错误惩罚自己。

不要拿自己的错误惩罚自己。扪心自问，人世间有多少烦恼，不都是来自于自己跟自己过不去吗。人非圣贤，孰能无过？如果一有过错，就终日沉陷在无尽的自责、哀怨、痛悔之中，那么，其人生的境况，就会像泰戈尔所说的那样：不仅失去了正午的太阳，而且还将失去夜晚的群星。压弹的能力，既要表现为对他人的宽厚容忍，不斤斤计较；也要表现为对自己的悦纳包涵，不过分苛求。我们在工作中，是苛求“最高”还是表现“最好”，直接影响到你的心理状态。做到自己最好的，未必是“最高结果”，而是竭尽全力地自我表现和发挥最好的状态。所以，最合适、科学的是做到自己“最好的”，平静而理智地对待自己的得与失、成与败，确立合乎自身实际情况的理想抱负目标，才能维持积极的情绪，克服和转化消极情绪，从而接受自己，悦纳自我，塑造出一个自如的你、独特的你、最好的你。

不要拿自己的错误惩罚别人。道理谁都明白，但现实生活中，不少人受伤的虚荣心总是要去寻找能够掩饰伤口的更大虚荣，于是，他就情不自禁地要去惩罚别人，给别人脸色看。压弹的能力是自己心境的调控。心平就气和，气和则柔，柔则顺，叫“柔顺”；顺则畅，叫“顺畅”；畅则快，叫“畅快”；快则乐，叫“快乐”。是你掌握着自己生活的遥控器，要学会随时将自己的心境切换到快乐频道。

不要拿别人的错误惩罚自己。表面上看来这么浅显的道理谁人不知。然而，你细细观察一下，社会上这样的事情屡见不鲜：别人都见死不救，我又何必见义勇为？别人都逃课旷课，我又何必故作清高？你何尝不会这样拿别人的错误惩罚自己呢？正是这种惩罚，使你感到活得更累。

英国专家近来进行了一项“如何使你更快乐”的研究，发现人们不仅要自己获得快乐，还应培植“快乐种子”，向身边人传播快乐。产生痛苦的一个根本原因是欲望太多。欲望越多，心理压力越大。心胸放开些，眼光放远点。“宠辱不惊，闲看庭前花开花落；去留无意，漫望天际云卷云舒。”这便是

"压弹"的境界。

三、压力应对策略

一个人对生活情境及其意义的认知、解释或归因,对选择是否采取行动以及应对的策略等方面,都成为重要的组成部分。这些处理压力的评价、情绪和行为成分,调节着压力源对个体的影响效应。要准确理解压力现象,就必须将压力视为一个整体,继而可以进行有效管理。正如塞利在其《压力无烦恼》书中所说的:"我不能也不应该消灭我的压力,而仅可以教会自己去享受它。"不错,快乐来自于对压力有效管理的能力。

压力应对策略必须同时关注心理、身体、情绪和精神层面,不仅仅努力减轻压力,更重要的是有效管理。有效的整体性压力管理包含以下特征:对压力下的身体反应有清楚的把握;对与压力有关的心理、生理、情绪、精神方面的因素有清晰的认识;使用多种有效应对技术来解决产生压力的原因;学习和训练放松技术,以维持身体的和谐平衡;定期测查应对技术和放松训练的效果。

(一)认知重构

有些人欣赏玫瑰花瓣的美丽,有些人则想到被玫瑰花刺扎伤的疼痛。认知重构就是把注意力集中在玫瑰花瓣上的一种方法。

大脑所接收的所有刺激都要通过解释,并分类为消极、中性或积极,这个过程称为认知。当解释被夸大时,就被称作认知扭曲。认知重构意味着将一个知觉从消极的解释转变为中性的或积极的解释,以达到疏解情绪、减轻压力的目的。

启动认知重构的步骤:

第一,觉察。识别和确认压力源,写下所有的挫折和苦恼,识别与这些压力相关联的是什么情绪态度。

第二,对情境再度评价。选择一个中立的或积极的立场,分析哪些因素是你能够控制的,哪些又是你所控制不了而必须要接纳的。这时的再评价不是一个合理化的过程,也不是一个压抑情感的过程,而是相关因素的集结或重组,是敞开接受新想法的过程。

第三,采用新的心理构念。任何的态度转变中最困难的一步是它的执行。一旦一个新的心理构念产生了,就必须马上采纳和执行。

一是对自己的想法负责。处于压力之中时,我们可能会觉得自己是受害者,觉得不公平,而事情总是自己所不能控制的,因而责备他人。应将责备他人转变成对自己的思维和情绪负责任，而这种责任感是不会产生内疚的。二是调整期望值。很多时候我们都是带着预想去做事情的。当这些预想未被满足，消极的想法就产生了。调整预期并不意味着放弃理想或是降低自尊，而是意味着通过现实的检验调整你的知觉，质问其有效性，从而使之与实际的情况相匹配。三是给予自己积极的肯定。面对挫折和压力，内心常常被那些消极思维所占据，这些消极思维是出于自我防御的目的产生的，但占据优势的消极自我反馈会不断侵蚀自尊。而积极的肯定能够用积极观念平衡这些内部心理对话，从而增强自信和自尊。试着对自己重复一句能够增强自尊的话，如“我一定能够努力做好”“我是胜利者”。四是强调任何情境的积极方面。关注积极方面是一种对当前情境进行改释的过程，它关注的是当前。承认那些消极的方面，从中学习，但不执着其中，把注意力集中在那些积极的方面，并在此基础上构建积极的观念。

第四，评估效果。对任何新的尝试的检验都要看它的效果。对新的态度作出评估，如果评估结果证明新的构念是一次失败，那么回到第二阶段并再作一次评估；如果新的构念发挥作用了，就带着那些仍待解决的问题重复这一过程。

（二）呼吸调节

横膈膜呼吸是最简单的放松技术，当你把呼吸的注意力放在腹部而非胸部时，交感神经系统的活动减少，导致更强的放松效果。简单说，横膈膜呼吸就是有控制的深呼吸。当一个人在重新组织思路、镇定自己或者调动能量应付挑战任务的时候，深深地呼吸是有着象征意义的。普通呼吸强调胸腔的扩张，而横膈膜呼吸还包括了下腹的运动。练习瑜伽时这种呼吸技术被称为调息法。

腹式呼吸是行为治疗里最为基础的技术之一。它是非常好的让人松弛下来的一个技术。情绪处理、危机干预、各种焦虑等都可以用腹式呼吸来作调整，而且腹式呼吸没有禁忌症，随时随地都可以做。

学会深呼吸能增加吸氧量，使你获得比正常呼吸多 7 倍的氧气量，而且可以稳定脑波，释放压力，积蓄能量和提高忍耐力，增强情绪控制力，缓解疼痛，促进精力的集中，并能改善睡眠、焦虑、忧郁等情况。

和所有松弛身心的放松技术一样，横膈膜呼吸要求全神贯注，找一个安静舒适的环境以减少外界干扰。如果你察觉到了杂念，要重新把注意力放在呼吸上，让这些杂念随呼吸排出体外。

呼吸放松的过程包括四个独特的阶段：吸入—停顿—呼出—在下一个

呼吸循环开始之前的暂停。吸气时通过腹部肌肉的起与伏带领胸隔膜更彻底地向下运动，感觉气流深入你的丹田，于是肺部就更彻底地做功。然后屏住气息3秒，此时身体会感到紧张，接着缓缓地将气吐出，呼气时宜慢且长而且不要中断。通过缓慢深长的呼吸延长呼吸循环，能最大限度地体验这些阶段。一旦感到压力，横膈膜呼吸随时随地都可以进行，不仅能帮助你丢掉工作上的情绪垃圾，有能力再度热情澎湃，而且还能够缓解慢性疼痛。

（三）意象冥想

冥想是使大脑从感觉超载中解脱的最好的办法。所谓的冥想就是停止知性和理性的大脑皮质作用，而使自律神经呈现活络状态。简单地说，就是停止意识对外的一切活动，而达到“忘我之境”的一种心灵自律行为。

有五种做法可以让人们的注意力集中于某个思想：

第一，心理重复。心理重复是指一个思想一次次地产生。心理重复通常伴随着静静地诵读一个词或一个积极的短语，称之为颂歌，能够达到高水平的专注，颂歌产生的颤动产生平静效应。

第二，视觉聚焦。视觉聚焦是指把视觉集中于或凝视一个物体，直到它印刻在大脑中，然后闭上眼睛具象化这个物体。如果心理意象减退或消失，就睁开眼睛再次重复这一过程。凝视物可以是蜡烛的火焰、花、美丽的图画。

第三，声音重复。在某些形式的冥想中，持续地重复一种声音能帮助人们集中注意，如钟声、水声等。

第四，生理重复。生理重复被认为可以使大脑转到一种“意识的变化状态”或者放松的思维模式的状态。在很多放松练习中，广泛地把调息或腹式呼吸作为生理性重复的颂歌。

第五，触觉重复。手握着一个小的物体，如一个小石头或贝壳，也能够使大脑集中注意。

通常情况下，大量的感觉信息会导致感觉超载。在上课或工作了一天后，你可能有感觉超载的体会。感觉超载就像一块黑板充满着各种记录和乱写乱画的文字。当大脑超载时，很难再集中注意。大脑的混乱与压力有着很强的关系。冥想就像清理大脑这块“黑板”的板擦，是使大脑清醒和保持动态平衡的工具。

意象冥想是用想象来观察和体验。在意象冥想的时候，眼睛必须向上凝视，仿佛你要在头颅里面看一样，同时按照下面几个步骤进行：

第一，自我想象出具体的场景，有一个明确的时间、地点、环境，如我在大海边，我在高山上，我在草原上等。

第二，调动多种感官使意象尽量真实。可以让感官通道（视、听、触、嗅、味觉）有自己的感觉，能够表达出参与其中的最好的感受。

在练习中想象环境中的具体细节特别重要，因为你练习的目标具有绝对实用性，你在营造一种“实际经历”。就神经系统的功能而言，如果想象得足够生动、足够详细，你的想象练习就会等同于亲身经历。

第三，想象应该是积极的，也可以进行行为矫正、缓解慢性疼痛。

第四，场景可以随时按要求开始、保持、结束。

研究发现，冥想活动对身体有广泛的生理上的效应，在冥想时呼吸频率放慢，血压降低，肌肉紧张度显著下降，冥想导致耗氧量的下降要多于睡眠的时候，比小睡片刻的休息作用还大。脑成像研究表明，冥想能够使大脑神经元建立新的连接，从而产生内部平和的感觉。

改变心境最快的方法就是改变脑中的“电影”，这个方法同样适用于躯体的一些疼痛。事实上，人的注意力是有限的。当你在注意一件事情的时候，你注意不到其他事情。所以，从抑郁中摆脱出来的方法并不复杂。只要你脑海中的“电影”改变了，你不要再在脑海里放你不喜欢的那部“电影”，去放一部新的、喜欢的“电影”，就很容易改变这种情况。

（四）肌肉放松

医学研究发现，所有的患者，无论得了什么病，都表现出一种共同的症状——肌肉紧张。如果人们可以降低肌肉紧张，那么对疾病的易感性就会降低。身体无法同时处于紧张和放松状态，系统地收缩和放松每个肌肉群，如果个体能够辨认出肌肉纤维紧张和放松之间的区别，这种觉察就会促进更深的放松，这种放松感不只是肌肉本身，而且贯穿整个身体。这种技术被称为“渐进式肌肉放松法”。

渐进式肌肉放松法的练习步骤：

第一，找一个舒适的姿势，闭上双眼，集中注意力。收缩肌肉的时候吸气，释放紧张的时候呼气。释放紧张与放松隔膜相协调，这会导致全身更深的放松感。

第二，循环渐进地放松肌肉群。

面部。绷紧前额、眼部和脸部的肌肉，保持并感受你创造的这些肌肉的紧绷；接下来放松和呼气，感受这些肌肉紧张感的离开，体会松弛和平静的感觉；现在，收缩同样的肌肉，但是这次只用50%的强度，并保持；然后，放松和呼气，感受这些肌肉多么的放松，对比这一感觉，这一对比会使肌肉更进一步放松；最后，轻轻地收缩面部肌肉，只用5%的强度，这好像感受到一阵微风吹过你的前额和脸颊，保持并放松，慢慢地、舒适地深呼气，随着呼吸，体验你的肌肉是多么的放松。

下颚。有意识地收缩你下颚的肌肉，能多紧就多紧，然后保持，接着放松这些肌肉，呼气，感受紧张完全消失。用同样的方式再体验一次，强度只用第一次的一半。第三次重复体验时，只用5%的强度收缩肌肉。对比不同强度的放松感。为了增强这种放松感，舒适、缓慢地深呼吸。

颈部。把注意力集中在你颈部的肌肉上，体验这些肌肉可能留有的最微小的紧张感。现在，有意识地紧绷颈部的肌肉，再紧些，然后保持，接着释放这种紧张，完全放松这些肌肉，体验紧张感完全消失。用同样的方式再体验一次，强度只用第一次的一半。第三次重复体验时，只用5%的强度收缩肌肉。对比不同强度的放松感。为了增强这种放松感，舒适、缓慢地深呼吸，感受你的颈部肌肉变得多么放松。

肩部。收缩肩部的肌肉，你的肩膀承担着你所有身心的重量，注意任何程度的紧张。现在，有意识地紧绷肩部肌肉，越紧越好，然后保持，接着放松这些肌肉，感受紧张完全消失。用同样的方式再体验一次，强度只用第一次的一半。第三次重复体验时，只用5%的强度收缩肌肉。对比不同强度的放松感。为了增强这种放松感，舒适、缓慢地深呼吸，感受你的肩部肌肉变得多么放松。

胸部。把注意力集中到前胸肌肉上，感受这些肌肉可能留有的最微小的紧张。现在，有意识地紧绷前胸肌肉，能多紧就多紧，然后保持，接着放松这些肌肉，感受紧张完全消失。用同样的方式再体验一次，强度只用第一次的一半。第三次重复体验时，只用5%的强度收缩肌肉。对比不同强度的放松感。为了增强这种放松感，舒适、缓慢地深呼吸。

手臂。把注意力集中在你手和前臂的肌肉上，感受你的手指、手掌和手腕最细微的紧绷。现在，握拳，有意识地紧绷双手和手臂的肌肉，能握多紧就多紧，然后保持，接着释放这种紧张，放松这些肌肉，体验紧绷的感觉完全消失。用同样的方式再体验一次，强度只用第一次的一半。第三次重复体验时，只用5%的强度收缩肌肉。对比不同强度的放松感。为了增强这种放松感，舒适、缓慢地深呼吸，感受你的前臂和手的肌肉变得多么放松。

腹部。把全部注意力放在腹部肌肉上，感受这些肌肉可能留有的最微小的紧张。现在，有意识地紧绷腹部肌肉，能收缩多紧就多紧，然后保持，接着放松这些肌肉，体验紧张完全消失的感觉，感受完全没有紧绷的状态。用同样的方式再体验一次，强度只用第一次的一半。第三次重复体验时，只用5%的强度收缩肌肉。对比不同强度的放松感。为了增加这种放松感，舒适、缓慢地深呼吸，感受你的腹部肌肉变得多么放松。

背部。尽力把你的后背压向地面，有意识地紧绷这些肌肉。维持这一姿势，然后保持；能绷多紧就绷多紧，坚持一会儿，接着放松这些肌肉，体验紧张完全消失的感觉，感受完全没有紧绷的状态。用同样的方式再体验一次，强度只用第一次的一半；第三次重复体验时，只用5%的强度收缩肌肉。对比不同强度的放松感。为了增强这种放松感，舒适、缓慢地深呼吸。

臀部。把注意力集中在臀部肌肉上，注意这些肌肉可能留有的最微小的紧张。现在，有意识地紧绷臀部肌肉，越紧越好，然后保持，接着释放这些紧张，放松肌肉，体验紧绷完全消失。用同样的方式再体验一次，强度只用第一次的一半。第三次重复体验时，只用5%的强度收缩肌肉。对比不同强度的放松感。为了增强这种放松感，舒适、缓慢地深呼吸，感受你的臀部肌肉变得多么放松。

大腿。注意力集中在双腿的肌肉上，注意那些可能留有的任何紧张，并释放它们。现在，有意识地紧绷这些肌肉，能绷多紧就绷多紧，然后保持，接着放松这些肌肉，体验紧张感完全消失。用同样的方式再体验一次，强度只用第一次的一半。第三次重复体验时，只用5%的强度收缩肌肉。对比不同强度的放松感。为了增加这种放松感，舒适、缓慢地深呼吸。

用同样的步骤放松你的小腿和双脚。最后，慢慢、舒适地深呼吸，体验你整个身体的放松感觉。

（五）运动减压

受到压力时，运动或者活动是身体的本能反应。不运动则导致内部系统的极度疲劳，就像橡皮筋拉开几小时不动，身体各组织都会进入过度代谢状态。身体适应，包括积极的和消极的压力应对。进行体育锻炼将带来长期的适应，这种适应现象被认为是减少压力有害影响的有效方法，可以使得身体复原到和谐平衡的状态。

体育锻炼可以达到生理和心理两方面的和谐。身体需要安静与平衡，同样也需要生理刺激，否则将陷入功能紊乱。人们需要在生理激励（活动）与体内平衡（休息）之间寻找最优平衡。经常锻炼的人不仅帮助维持或重新达到生理平衡，而且对释放愤怒和焦虑的情绪有很大的作用。

体育锻炼分为无氧或者有氧两类。无氧运动是指短时消耗能量的运动，短跑、举重就属于这一类，无氧运动锻炼肌肉强力与力量。而有氧运动是强度适中、相对较长时间的运动。跑步、游泳、自行车和步行都是有氧运动。有氧运动增强心血管和肺部功能，增强耐力，是积极休闲的最好方式。

实验实训

压力管理团体训练

（一）热身活动：抓手

步骤1：10人一组，围成圆圈，每个人伸出右手，掌心向下；同时伸出左手，食指顶在左边那人的右手掌心下。辅导者开始说一段事先准备好的话，要求大家听到这段话中出现某个字或词（如听到“抓”字时），你伸出的右手要快速抓住左边人的食指，而自己伸出的左手食指要同时尽可能逃脱，以免被抓。

步骤2：讨论：

(1)你逃脱了多少次？被抓了多少次？

(2)你是否因反应错误而出现误逃和误抓的情况？

(3)为什么会出现反应错误？

(4)在游戏中你的体验是什么？

（二）一杯水能端多久

步骤1：每个人把自己的水杯端起来，看你能持续几分钟。

步骤2：讨论：

你端了几分钟？有什么感觉？

为什么平时我们没有这种感觉？

（三）压力问题脑力激荡

目的：认识压力的本质与种类，发挥团体力量探讨解决问题的有效办法与途径。

步骤1：成员各自填写生活中的种种压力，并写出最常出现的负面思考。

步骤2：分组列出压力最大的前三项事件，讨论有效适应、应对的方法。

步骤3：各组代表报告讨论结果。

总结：

全体成员对各组的讨论进行评选，办法最多的组可以获“优胜奖”，办法最实用的组获“实用奖”，还可视情况设“幽默奖”“有趣奖”“认真奖”“好主意奖”。通过活动帮助成员选择在生活中最适合运用的应对方法，拓展思路，群策群力，体验朋辈的支持系统。

（四）绝处逢生

目的：通过帮助别人打消自杀念头，认识在面临困难和挫折时为什么要心存希望。

步骤1：一位同学扮演因父母离异，自己生活无着落，感到无亲情之爱，悲痛欲绝的角色，请其他同学列出理由劝说他放弃自杀念头。

步骤2：一位同学扮演被告知身患绝症，痛苦万分，准备自杀的角色，请其他同学列出理由劝说她放弃自杀念头。

步骤3：大家评出本组最佳“劝手”。

总结：人类处于生物进化金字塔的顶端，拥有高度发达的意识，拥有所有其他生物不具备的选择能力。这种选择能力的本意是让我们有更强的适应环境的生存能力，使我们能享受更丰富、完美的生命。然而，很多人被自己的思想和挫折折磨得“死去活来”。我们很少见到有小狗小猫去自杀，却天天有高等的人因消极的心态和毁灭性的思想而离开这个世界。这种脆弱源于对自我认识的无知和自私狭隘的心灵。面对挫折和困境，你总有摆脱的机会，你可以选择任何一个时刻作为新的开始，从这一意义上说，跌倒了不叫失败，跌倒了爬不起来或者不爬起来，那才是失败。

（五）人际支持网络

目的：为疏解生活中的压力和困境，建立与运用支持系统。

步骤1：请在下面的人际支持系统网中写下你在遇到困难和压力时，所有可以寻求到本质的资源。在空格内填写一个名字或称呼，这个人是你危难时刻能给你支持和帮助的人（见图8-1）。

步骤2：现在请你看一看，你填在第一位的是谁？谁离你最近？你为什么选他（她）？在你遇到困难和挑战的时候，你是怎样向他（她）寻求支持的？如果你的支持网络里只有两三个人，请你仔细探索原因，如害怕被视为弱者；害怕显得无能；曾经求助却被拒绝甚至受伤害；等等。

步骤3：小组分享你刚完成的网络图。

（1）为什么你会选择这些人进入你的支持系统里？

（2）你会如何运用此支持网络？

（3）你已经多长时间没有与其中的人交心恳谈了？

（4）你将如何改变目前的支持网络？

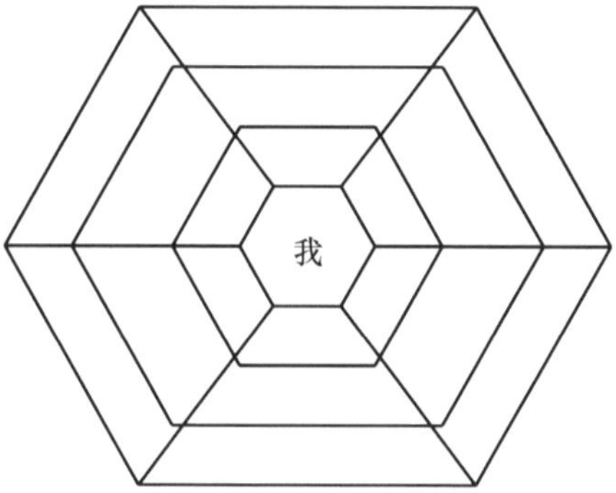

图 8-1　人际网络图

(六)结束活动:能量传递

步骤 1:每人写一句最能激励自己的话。

步骤 2:大家把手搭在他肩臂上一起对他说。

站在伙伴的身边,握住他的手,深深地吸一口气,释放你的烦恼,再吸一口气,释放你的指责。我们和朋友在一起,用简单、有意义的方式分享力量,表现我们的关怀。我们有同样的渴望,我们每个人都需要健康的身体,拥有充满爱的人际关系,希望爱与被爱,希望快乐、和平和丰盛的生命。

握住别人的手,就能感受到许多。请用爱看着他,祝福他。请感受你的力量,呼吸的力量、声音的力量、爱的力量、愿意改变的力量。你的祝福将会加倍回报到你身上,请献上最美好的祝福,大家都愿意接受这一切,用爱张开双臂迎接新的一天。一切就是这样!

体验感悟

一只鸡蛋落在地上,它悲伤地哭道:“我完了,我这只倒霉蛋。我为什么这么倒霉?”接着就粉身碎骨,壮烈牺牲了。

一块石头落在地上,它愤怒地大叫:“谁敢跟我作对? 你硬,我比你更硬!”它把地面砸了个窝窝,而自己也深陷其中出不来了,它气急败坏,但无能为力。

一只皮球落在地上,砸得越猛,它弹得越高,然后轻巧地换了一个姿势,在地上打了个滚,就又蹦蹦跳跳地走了。

鸡蛋、石头和皮球的遭遇,反映了生活中人们对待挫折的不同态度。有的人遇到挫折暴跳如雷，继续撞南墙；有的人遇到挫折就一败涂地，再也站不起来了；有的人遇到挫折，轻轻一笑，改变一个方向，又上路了。你是哪一种呢？

1. 挫折和困境往往是一个新的开始。在你失去的时候，要想一想你得到了什么。回忆你印象深刻的一次挫折经历，分析自己受挫折后的感受和处理方式。

挫折经过？______________________________

挫折之后的感受？__________________________

挫折后做了些什么？________________________

这次挫折给你带来什么负面影响？_______________

这次挫折给你带来什么正面影响？_______________

2. 在你周围的人当中，找一个应对挫折的榜样，也可以是你崇拜的某个名人。你觉得他们能够很好地应对挫折和压力的原因有哪些？

（1）______________________________________

（2）______________________________________

（3）______________________________________

（4）______________________________________

（5）______________________________________

推荐书籍

1. 耿兴永，吴洪珺. 心理压力与健康. 上海：华东师范大学出版社，2006.

推荐理由：本书为“心理援助系列丛书”中的一本，从心理压力的根源、性格、人际关系障碍、工作压力、情感控制、减压法等方面展现了人们的生活状态及减压方法，通俗易懂，值得一读。阅读本书，恰当地释放心理压力，更好享受生活的乐趣吧！

2. 郑日昌. 情绪管理 压力应对. 北京：机械工业出版社，2008.

推荐理由：“冰冻三尺，非一日之寒”，改变不良习惯不是一件容易的事儿。作者告诉人们：人人都能管理好情绪，人人都能从容面对压力，需要做的只是改变一下看问题的角度，学会一些放松自己的方法。掌握了正确的方法，人们就能平稳渡过压力和情绪纷扰的难关，让疲惫的心灵从此充满激情与活力。

第九章　享受生命成长的快乐
——大学生生命教育与心理危机应对

生命不等于是呼吸，生命是活动。

——卢梭

心灵成长

一、校园故事

以下内容，摘自曾在北京大学未名BBS上被广为关注的一篇帖子：

我列出一张单子
左边写着活下去的理由
右边写着离开世界的理由
我在右边写了很多很多
却发现左边基本上没有什么可以写的
回想20多年的生活
真正快乐的时刻，屈指可数
记不清楚上一次发自心底的微笑是什么时候
记不清楚上一次从内心深处感觉到归宿感是什么时候
……　……　……
不愿去想象
还要这样几十年下去
去接受命运既定的苦难
看着心爱的人注定地远去
越来越不堪忍受的环境
揪心的孤独感，年轻不再
最终多年以后一个孤苦伶仃的可怜老人形象
没有亲人，没有朋友，苟延残喘活在过去回忆的灰烬里面那又为什么不能够在此时便终结生命?

…… …… ……

※※※

有一个叫黄美廉的女子,从小就患上了脑性麻痹症。这种病的症状十分惊人,因为肢体失去平衡感,手足会时常乱动,口里也会经常念叨着模糊不清的词语,模样十分怪异。医生根据她的情况,判定她活不过6岁。在常人看来,她已失去了语言表达能力与正常的生活条件,更别谈什么前途与幸福。但她却坚强地活了下来,而且靠顽强的意志和毅力,考上了美国著名的加州大学,并获得了艺术博士学位。她靠手中的画笔,还有很好的听力,抒发着自己的情感。在一次讲演会上,一位学生贸然地这样提问:"黄博士,你从小就长成这个样子,请问你怎么看你自己?你有过怨恨吗?"在场的人都暗暗责怪这个学生的不敬,但黄美廉却没有半点不高兴,她十分坦然地在黑板上写下了这么几行字:

(1)我好可爱;

(2)我的腿很长很美;

(3)爸爸妈妈那么爱我;

(4)我会画画,我会写稿;

(5)我有一只可爱的猫;

……

最后,她以一句话作结论:我只看我所有的,不看我所没有的!

在第一个故事中,身体健康、风华正茂的大学生列举了若干不能存活于世的理由;而在第二个故事中,命运多舛、顽疾缠身的黄美廉却列出了若干活下去的理由。生命带给我们的到底是什么?我们应如何对待生命中的风风雨雨?应该如何活出生命的精彩?这是每个大学生都要思考的问题。

二、"生命"的追问与反思

生命,是一个永恒的话题。与其他生命存在相比,人的生命更加绚烂多彩。在浩瀚的宇宙中,地球是迄今为止被发现有生命存在的唯一的星球,人类作为地球上的一个物种,已经存活了数万年。她既遵循着生物体共同的运行机理和规律,有生有死,又在后天的社会化过程中反映出巨大的差异。

我们的生命最初是由一颗极小极小的卵子接纳了一颗更微小的精子而形成的胚胎,而这颗精子是数亿颗精子竞争中的唯一胜利者。因此,人类的诞生本身就是一个"亿万分之一"的奇迹,每个生命的降临都意味着"亿万分之一”的偶然与幸运。

莎士比亚在他的不朽之作《哈姆雷特》中写道：“人是一件多么了不起的作品！理想是多么高贵！力量是多么无穷！仪表和举止是多么端庄！多么出众！论行动，多么像天使！宇宙的精华！万物的精灵！”虽然这段话在文学巨匠的笔下是对其作品中的人物的反讽，但恰恰在这段反讽中，透露出了人之生命存在地位的特殊与禀赋的非同寻常。思想家蒙田在《热爱生命》中也写道：“生命是值得称颂，充满乐趣……我们的生命受到自然的厚赐，它是优越无比的。”生命是大自然的最高奖赏，人的生命是宝贵的，没有了人的世界是残缺的世界。正是因为有了人的生命，有了人的生命创造性的演绎，所以才有了如此精彩的世界。

生命的大海如此美丽，不只体现于她在风平浪静时的海天一色，同时也体现于她在风起云涌时的波澜壮阔甚至大浪滔天，生命的历程蜿蜒曲折。生命是痛苦还是幸福，往往源于个体的主观感觉和评价。有人只看到了生命中的痛苦，而对快乐和幸福毫无觉察、熟视无睹；有人选择感受生命中的美好，超越生命中的苦难。于是不同的个体便形成了对生命的截然不同的看法和认知。

“生命不可能有两次，但许多人连一次也不善于度过。”层出不穷的大学生自杀事件，以及当年的刘海洋事件、马加爵事件、杨元元事件、药家鑫事件等，既让人痛心，又发人深省。这些事件都集中反映了一个问题，那就是大学生生命意识的缺乏。

大学生生命意识缺乏的现象，不一而足，正如王晓刚教授所说：在大学生生命意识缺失的各种表现类型中，有的是直接的、显在的表现类型（如否定生命、暴虐生命、漠视生命），也有的是间接的、隐性的表现类型（如游戏生命、丧失生命成就感）；有的是极端的表现类型（如自杀与杀人等否定生命和暴虐生命的行为），也有的是一般性的表现类型（如虚度年华等游戏生命和漠视生命的状态）。一般的、间接的、隐性的生命意识缺失现象往往是潜在的、更容易被忽视的，同时危害也是更长期的，影响范围也是更大的。

有的大学生认为，生命是一个简单的过程，人同动物一样，生命只是一种暂时的现象，把死亡看成一切的终点，生活态度十分消极。这样的人不思进取，得过且过，面对幸福不会喜悦，面对挫折不会超越，这样的人生如同生活在黑暗中，看不到生命辉煌的光亮，于是便也越来越丧失了“活着的理由”。

有的大学生认为，生命等同于简单的物质与感官的享受，忽略人的精神追求。这样的人面对诱惑时无法抵御，面对困境时畏惧不前。他们目光短浅，常常因为贪图当前的享受而“透支”未来的人生。他们也会感到精神上的空虚，但又缺乏追求充实人生的坚强意志，于是便愈加沉溺于眼前的舒适，往往陷入恶性循环。

同时，社会上各种漠视生命的现象也冲击着大学生的心灵，使他们变得脆弱而无助，感到迷茫、失落、痛苦、混乱，他们开始对生存的意义和生命价值产生怀疑，甚至在这种冲击中迷失了方向，拥有的只是生命感知的日渐麻木，生命情感的日益僵化和干涸，生命意志的日益消沉和生命价值的失落。如果一个人不能找到心安之路，其生命就难以寄托，就会怀疑生命的意义与价值，甚至轻视生命。

一个年轻人因为受到生活的挫折而失去方向，他几乎失去活下去的勇气。他不止一次想到自杀，于是他寻访智者，让智者为他找出活下去的理由。智者告诉他：“请你用一年之内游历，并将看到的事情告诉我，然后我再告诉你活着的理由。”于是年轻人开始徒步世界，他看到了饥饿与贫穷、疾病与灾难、出生与死亡、真善美与假丑恶……一年后，当他再找智者时，他说：“这一年游历让我明白，活着真好！活着不需要任何理由！每个生命都是无比尊贵的！”

是的，活着不需要任何理由，但每个生命都需要活出自己的精彩。积极的生命态度并不是刻意美化生命，也不是回避生命中的种种困境，而是去认识困境，接受生命中的一切必然和偶然，以正面的态度去面对苦难。

心理视点

一、理解“生命”

人的生命既遵循着生物体共同的运行机理和规律，又在后天的社会化进程中反映出巨大的差异。生命是一个复杂而完整的系统，是一个具有长度、厚度和宽度的立体结构。

（一）生命的“长度”

人首先是作为一种生物体而存在于世，这就决定了人同宇宙中的其他物种一样，经历着孕育、成长、死亡的生命过程。生命是自然的产物，它本身是有限的存在，具有有限的“长度”。长生不老只是神话传说，它反映了人的一种需求与期盼，之所以有这种期盼，是因为人意识到了生命长度的有限性。人的生存就是一个走向死亡的过程，无论你有多么美好的愿望，多么奇异的幻想；无论人类怎样通过神话，甚至现代的克隆技术去追求不死，人的生命终究有一个限度。上天赋予人的生命只有一次，所以生命是最宝贵的。有长度的生理生命是人的一切社会活动或成功行为的基础，它的健康存在是幸福人生的前提，因此我们要保证生命机体的健康运转。池田大作说："对每一个人来说，生命是人最宝贵的东西，只有生命存在，才有人的其他价值的创造和实现。"人虽然不能避免生命的终结，却可以通过树立良好的饮食习惯、作息习惯以及体育锻炼等，在一定程度上延长生命的长度；人无法避免死亡，却可以通过培养健康的生活方式和积极的人生选择有效地避免非正常死亡；人不能把握正常死亡，却可以在很大程度上把握非正常和不光彩的死亡。

人的生命长度的有限性，促使人们去珍惜生命的每一天。海伦·凯勒在《假如给我三天光明》一书中写到："我们谁都知道自己难免一死，但是这一天到来，似乎遥遥无期。当然，人们要是健康无恙，谁又会想到它，谁又会整日惦记着它。于是便饱食终日，无所事事。有时我想，要是人们把活着的每一天都当作是生命的最后一天该有多好啊！这就能更显出生命的价值。"

毕淑敏说："死亡将导致我们的毁灭，但对死亡的察觉，又能拯救我们。"

乔布斯的成功人生也是从对死亡的思索开始。他在一次演讲中说："在过去的33年里，我每天早晨都对着镜子问自己：'如果今天是我生命中的末日，我还愿意做我今天本来应该做的事情吗？'当一连好多天答案都否定的时候，我就知道作出改变的时候到了。提醒自己行将入土，这是我在面临人生中的重大抉择时最为重要的工具。……因为所有的事情——荣誉、声望、对尴尬和失败的惧怕——在面对死亡的时候都将烟消云散，只留下真正重要的东西。……在我所知道的各种方法中，提醒自己即将死去是避免产生上述想法的最好办法。"

有一位同学曾这样写道："为什么有那么多的人虚度光阴？我想，是因为这些人没有勇敢地思考过死亡的问题。当我们思考死亡，会发觉每过一天就离死亡近一天，自己在这个世界上就少一天。有谁能够容忍时光白白流逝，而自己却由于种种原因不去实现梦想？有谁能容忍不忠实于自我，而甘愿受他人控制的生活？有谁能容忍没有尊严的生活？"

有位老人得了癌症，当医生告诉他这个消息时，他很平静地面带笑容地说：我很感谢上帝让我得了癌症。医生非常吃惊，说：你得了癌症，不怨天尤人、惊惶失措，已很难得，为什么还要说感谢的话呢？老人说：到了我这个年纪，死亡就是我的邻居了，随时都可能来敲我的门。如果我得了脑溢血或是心肌梗死，我很可能一句话也来不及说就死了，那样我的亲人接受起来该多么困难，而且我还有很多要交代的事也都没了着落。现在，我得了癌症，我有很充足的时间能和亲人告别，把诸事整理得清清爽爽。当死亡一定要来的时候，还有什么比这种方式更令人安心呢？这就是上帝所给予我的最好的礼物了。一个人回避死亡问题，并不等于可以逸出死亡之圈；人人都想长命，却不可能实现。不思考死亡的结果必然是面对死神降临时产生更大的心理恐惧和精神痛苦。一个人在年轻的时候就思索过死亡，和他到老了之后才思索死亡，甚至从来就没思索过死亡，是截然不同的生命境界。

阅读材料 9-1

毕淑敏：生命的借记卡

我们每个人出生的时候，并非是两手空空，而是捏了一张生命的借记卡。

阳世通行的银行卡分钻石卡、白金卡等细则，生命的卡则一律平等，并不因了出身的高下和财富的多寡，就对持卡人厚此薄彼。

这张卡是风做的，是空气做的，透明、无形，却又无时无刻不在拂动着我们的羽毛。

在你的亲人还没有为你写下名字的时候，这张卡就已经毫不迟延地启动了业务。卡上存进了我们生命的总长度，它被分解成一分钟一分钟的时间，树木倾斜的阴影就是它轻轻的脚印了。

密码虽然在你的手里，但储藏在生命借记卡里的这个数字，你虽是主人，却无从知道。这是一个永恒的秘密，不到借记卡归零的时候，你都在混沌中。也许，它很短暂呢，幸好我不知你不知，咱们才能无忧无虑地生活着，懵然向前，支出着我们的时间，不知道会在哪一个早上那卡突然就不翼而飞，生命戛然停歇。

很多银行卡是可以透支的，甚至把透支当成一种福祉和诱饵，引领着我们超前消费，然而它也温柔地收取了不菲的利息。生命银行冷峻而傲慢，它可不搞这些花样，制度森严铁面无私。你存在账面上的数字，只会一天天一刻刻地义无反顾地减少，而绝不会增多。也许将来随着医学的进步，能把两张卡拼成一张卡,现阶段绝无可能。

也许有人会说,现在发布的生命预期表,人的寿命已经到了七八十岁的高龄,想起来,很是令人神往呢。如果把这些年头折算成分分秒秒,一年 365 天,一天 24 小时,一小时 3600 秒……按照我们能活 80 年计算,卡上的时间共计是 2522880000 秒。

真是一个天文数字,一下子呼吸也畅快起来,腰杆子也挺起来,每个人出生的时候,都是时间的大富翁。不过,且慢。既然算账,就要考虑周全。借记卡有一个名为"缴费通"的业务,可以代缴代扣。生命也是有必要消费的。就在我们这一呼一吸之间,卡上的数字就要减掉若干秒了。首先,令人晦气的是——我们要把借记卡上大约 1/3 的数额支付给床板。床板是个哑巴,从来不会对你大叫大喊,可它索要最急,日日不息。你当然可以欠着床板的账,它假装敦厚,不动声色。一年两年甚至十年八年,它不威逼你,是个温柔的黄世仁。它的阴险在长久的沉默之后渐渐显露,它不动声色地、无声无息地报复你,让你面色干枯、发摇齿动、烦躁不安、歇斯底里……它会让你乖乖地把欠着它的钱加倍偿还,如果它不满意,还会把还账的你拒之门外。倘若你欠它的太多了,一怒之下,也许它会彻底撕毁你的借记卡,纷纷扬扬飘失一地,让杨白劳就此永远躺下。所以,两害相权取其轻吧,从长远计,你切不可以慢待了床板这个索债鬼,不管它多么笑容可掬,你每天都要按时还它时间。

你还要用大约 1/3 的时间来吃饭、排泄、运动、交通、打电话、接吻,到远方去旅游,听朋友讲过去的事情,当然也包括发脾气和生气,和上司吵架还有哭泣……当然你也可以将这些压缩到更少的时间,但你如果在这些方面太吝啬支出的话,你就变成了一架冰冷的机器,而不再是活生生的人。

你的生命刨去了这样多的必需支出,你还剩下多少黄金时段?

唯有我们不知道生命的长短,生命才更凸显。也许,运动可以在我们的卡里增添一些跳动的数字?也许大病一场将剧烈减少我们的存款?不知道。那么,在不知道自己有多少银两的时候,精打细算就不但是本能,更是澄澈的智慧了。在不知道自己所要购买的愿景和器物有着怎样的高远和昂贵时,就一掷千金毅然付出,那才是真正的猛士,视金钱如粪土了。

当我们最后驾鹤西去的时候,能带走的唯一物品,是我们空空如也的借记卡。当那个时候,我们回首查询借记卡上一项项的支出,能够莞尔一笑,觉得每一笔支出都事出有因不得不花,并将这笑容实实在在地保持到虚无缥缈间,也就是灵魂的勋章了。

其实，当你吐出最后的呼吸之时，你的借记卡就铿锵粉碎了。但是，且慢，也许在那之后，有人愿意收藏你的借记卡，犹如收藏一枚古钱。

（二）生命的“宽度”

人的自然生命具有生物性，人具有本能的需求、冲动和欲望，但人的伟大之处就在于能把本能置于意识和理智的控制之下，让人类行为因为有了精神的统领和支配而打上社会的烙印，这个烙印便体现在生理生命之外其他的生命形态上。

人总是处于一定的社会关系之中，并承担一定的社会角色；人的生命是在一定的社会框架中展开的，受社会因素的制约。因此，人的生命呈现出“关系性”的特点，并在横向维度上延展，形成生命的宽度。

身体发肤，受之父母，生命的宽度首先体现在血缘血亲的不可分割性。任何一个人都不是凭空诞生，一定是父精母血孕育而就，人由此传承了父母的血脉，同时也要繁衍子孙后代。这就使人之生命与前辈建构了关系，也与后辈密不可分。……每一个人都由这“关系性生命”与亲人、他人形成了一个“生命之场”，一个人有权利改变自我日常的生活，但却没有放弃生命的权力。人的实体生命（生理生命）也不完全是自我的，与父母家人联系在一起密不可分。因此，个体的生命与亲人的生命互相渗透、部分重叠，丝丝缕缕地连接在一起，个体生命的逝去，意味着亲人的关系性生命同时被活生生地撕裂出一个血口，自此他们的生命便充满伤痛。因此，那种认为生命是自己的，自己有权力随意处置生命的观念是错误的，他们漠视了关系性生命的存在。

人是社会的人，生命的宽度还体现在个体与社会其他成员的相互依存上。个体要维持自然生命，提高自然生命的质量，其维持身体机能正常运转的“物质原料”离不开社会中的物质交换；人不能抛开社会性及与他人的关系而单纯地强调自然生命的需要或精神生命的自由，不能损害他人的利益和自由；人本身就存在着与他人交流沟通、寻求心灵共鸣与情感相容的需求和愿望，而这愿望的实现离不开社会交往。因此，大学生应学会尊重自我的生命和别人的生命，珍惜亲情、友情、爱情，为自己构建起坚固的社会支持系统，这样，在面临困难与危机时才更容易地获得情感支持，从而帮助自己积极面对人生。

阅读材料 9-2

心理咨询随想录:自杀怎么可能仅仅是个人的事?!

按照最保守的估计,一个大学生自杀,为他的离去而伤痛或感觉受伤的人至少也有94个。

一、自杀怎么可能仅仅是一个人的事?!

在做自杀危机干预的时候,我多次听到当事人的一个观点:“这是我个人的事,是我个人的选择,与别人没有关系。”更有甚者,还有人说:“父母伤心也是一时的,时间长了就没有什么了。”

也曾做过自杀未遂者的个案,他们中也有人说:“我当时就觉得这是我自己的事,我这么痛苦地活着,反而给父母添麻烦。”

我还不止一次听同学说:“自杀只是当事人个人的事。”

可是,自杀怎么可能仅仅是个人的事?!

这里我先告诉大家一个故事:

有一次,一位同学来找我做咨询,当时因为预约已经满了,我告诉了她。同时也如往常一样,我又问她:“你有什么特别紧急的事吗?如果有,我就为你加班。”她眼圈立刻红了,点点头。

我马上为她安排了时间,原来她的一个非常熟悉并且喜欢的长辈以自杀的方式结束了自己的生命。她非常困惑、痛苦、害怕、担心,同时,也有愤怒。

就是这位同学,非常完整地说了这样一句话:“我原来以为自杀仅仅是个人的事,现在才发现不是。所有我们认识这位阿姨的孩子,听说这个消息后,都非常非常震惊并且痛苦,大家互相转告,互相安慰。”

自杀怎么可能仅仅是个人的事?!

我们现在来做一道最简单的算术题,看一看,一个人自杀后,感到悲痛的人会有多少?

比如一个独生子女,加上一对父母(2),一对祖父母(2),一对外祖父母(2),再假设其父母各有两个兄弟姐妹(4),而他们也已成家(4),并且也都有自己的孩子(4),那么这个独生子女的至亲就有18人。

再加上这个孩子的同学,假设其小学、中学、高中和大学都只在一个班待过，每个班只跟3个人熟悉，这样四个班，每班3个人，就又有12人，再加上从小学到大学的老师，小学老师假设只有1位还记得他，初中老师假设有2位记得他，高中有3位，大学老师要多些，班主任、辅导员，还有其出事后承担全部后事处理的学生处至少5位老师、系里至少5位老师（算班主任和辅导员），还有校领导至少2名，加上心理咨询中心的老师至少3～5名，再加上其同宿舍的同学3名或5名（取决于宿舍人数），再加上其全班同学，通常是30名以上。

还有其发小、邻居还有爸爸妈妈的朋友，加起来至少也有10个人。

大家看到了，我是以最保守的方式计算的，可是就是这样算下来（我还没有包括这位同学当前同班同学的父母朋友，最保守算起来，又有至少120人，因为30位同班同学，每人都有一对父母和至少两个朋友；也没有包括其他不认识他但是肯定能够听到这个消息的邻居宿舍的同学和那么多本校和外校的大学生）也已经有94人。

这就是说，按照最保守的估计，一个大学生自杀，为他的离去而伤痛或感觉受伤的人至少也有94个！

自杀怎么可能仅仅是个人的事?!

二、自杀会给周围的人带去什么？

我们先来看自杀者的父母。

他们在听到噩耗时的那种如遭雷击般的惊愕，随之那种撕心裂肺的哭喊，那种突然的昏厥甚至中风、心梗的发作，会让我们所有人看到什么叫“痛不欲生”，什么叫“悲恸欲绝”。

那是一种会让人窒息的绝望与无助。

当代中国重提孝道。我们的古人告诫我们：“身体发肤，受之父母，不敢毁伤，孝之始也。”古人讲孝道，是讲为人子者首先就是不能让父母伤心，其次是要让父母老有所养，最高境界则是要：“立身行道，扬名于后世，以显父母，孝之终也。”

可是，让白发人以这样的方式送黑发人，孝道又从何谈起?!

而一个自杀者身边的同龄人又会有怎样的感受呢？

一位同学告诉我：她高中时有一个关系处得挺好的同学，暑假前她们还去外面玩过，玩得也很高兴，可是开学后就听说“那个同学自杀了”。说到此，这位同学眼里含着泪水说：“已经两年半多了，可是我到现在都保留着她的手机号码！”

另有一次，在一次危机干预的团体辅导仪式中，一位与自杀者并不特别熟悉的同班女同学从一进教室就控制不住地哭起来，她特别伤心地无数次哭着追问："为什么呀？！为什么呀？！为什么就不能告诉我们，让我们来分担呀！！"

自杀者常常认为自杀只是自己一个人的事，他们不知道，当一个人自杀之后，他周围的人往往会有多么自责——责怪自己没有给予自杀者足够的关心，责怪自己没有做得足够好以让自杀者再多信赖自己一点；会有多么深刻的被背叛感——因为他们一直把自杀者视作自己的朋友甚至亲人而如今他却如此决绝地作出了弃世的选择；同时他们又是多么的担心和害怕——害怕自己会不会有一天也做出这样的事；不仅如此，自杀这样的事情还有可能让自杀者周围的人对人生的意义、生命的价值产生怀疑……

自杀会给周围人带去这么多、这么大的影响，自杀又怎么可能仅仅是一个人的事？！

三、我们怎样预防可能有的下一次自杀？

先给大家讲两个曾经有过自杀念头的女孩子的故事，在我的咨询个案中，这样的故事非常非常多。

女孩甲：有一度，她因为一些事绝望得想要自杀，在她情绪处于最低谷的时候，她的一个同学发现了她情绪的异常，给予她很多安慰和鼓励，那段时间也一直注意陪伴她，后来她不仅自己走出了阴影，而且成为一个十分积极阳光并且乐于帮助别人的人。

女孩乙：她在最绝望的时候在网上发了一篇文章，让她吃惊的是，马上就有人给她回复，安慰她、鼓励她，使她感觉非常温暖和感动，并且很快从绝望中走了出来。

我想说的是，很多人尤其是年轻人，情绪波动大，容易走极端，因此常常会在某个挫折后突然冒出自杀的念头，但是那常常只是瞬间的事，情绪就如同海浪，有潮涨就有潮落，在我们感觉要崩溃的那个瞬间，往往就是我们的情绪该往好的方向转变的时刻。

所以，如果我们自己有瞬间的低落甚至绝望时，只要我们肯呼救，就一定会有人会对我们伸出援手，我们对此一定要有信念。而对于我们身边处于绝望中的人也一样，只要我们发现后能够立刻伸出援手——比如陪伴、倾听、通知他的家人或者相关人员，我们往往就可以帮助他度过最黑暗的时刻，这样的时刻，常常很短暂，有时甚至只是瞬间的一念，第二天，就如同太阳又会重新升起一样，人的希望、信心、斗志也会再次升起。

而那个曾经有过的自杀念头，往往也会成为永远的过去。

（当然，这是指那种仅仅是有一过性自杀念头的人，而对那种有顽固自杀倾向的人，那就只有专业人员能够帮到他们，有时还需要药物的配合。）

因此，所有读过这篇文章的人，可不可以给你们自己一个承诺，当你因为绝望而冒出自杀念头时，请一定向你周围的人发出明确的呼救；当你发现周围有人向你呼救时，则请一定注意陪伴他，必要时还要告之他的家人。

如此，我们至少可以把仅仅因为一过性自杀念头而自杀的人数降到最低！

（来自扬眉心理学科普博客）

（三）生命的"厚度"

生理生命的过程不是我们生命的全部。如果人只是从生到死，那我们和动物有何分别？作为万物之灵，我们除了用血肉之躯去感知生活，更要用智慧和灵性去构建生活、享受生活、提升生活并实现人生价值。这才是作为人的生命的内涵和真正本质。

"内涵生命"是人的一生所经历的全部社会实践活动的总和。如果说"生理生命"是一个相对恒定的量，那么"内涵生命"则是一个相对可变的量。人生不可回复，但却是可以调整、丰富和完善的。一个人所经历的体验是无比深厚的，学习、工作、爱情、家庭、事业等都是人生中的一部分。

台湾作家罗兰女士说得好："在人生旅途中，你每走一步，就必定会得到一步的经验，不管这步是对是错，对有对的收获，错有错的教训。"著名节目主持人孟非说："每个人的每一段经历都不会浪费，那些过去的一切都将存入人生经验的储蓄罐里，并不时地展现出来。"

正因为如此，一个人的生命价值不在于它的长度，而在于它的厚度。生理生命短而内涵丰富者往往要比生理生命长而内涵贫乏者的人生更充实、更有价值。

小游戏

画出你的生命线

生命中已经发生的事和将要发生的事，使得每个人都有自己独特的生命线，它们的共同点是：每条生命线都从你所认为的人生开端开始，到你所认为的末端结束。在生命线上，写上影响你人生的重要事件，用箭头标出今天的位置，并且按照你所设想的未来来描绘未来的生命线。

这个生命线不一定是直线，可以根据你对某一时期的评价来画出不同的高度。然后在线上加上标志和数字(各种事件和相应年龄)。

★ 代表由你的决定引发的事件

○ 代表由他人的决定引发的事件

＋ 无法由人为来决定的事件

把每件事情发生的年龄标上，然后圈出：(1)你的最佳决定所达成的事件；(2)你预见到的未来关键决定事件。如图 9-1 所示。

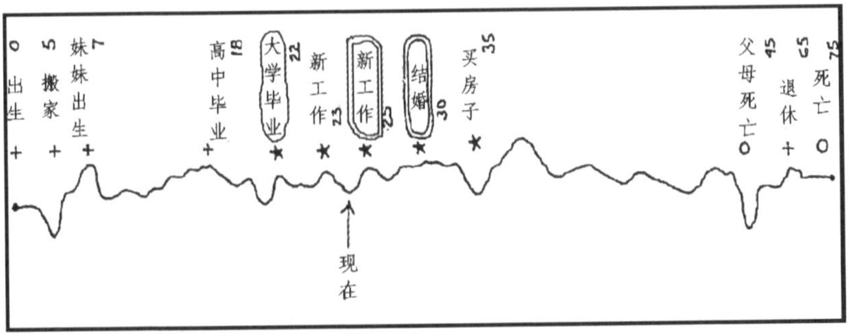

图 9-1　生命线示例

思考题：

(1)从这个游戏中你学习到了什么？

(2)什么类型的决定影响着你的生命线？

(3)在影响你人生的事件中，有你自己决定的吗？

(4)你现在面临什么重要决定呢？

二、善待“生命”

生命的发展，既有连续的渐进发展的一般规律，又有因偶发性、突发性事件导致的发展连续性的间断以及发展的转向，因此生命的发展是连续性与非连续性的统一，既有规律性，又有偶然性。在这些非连续性因素中，危机是非常重要的一种。

(一)危机的内涵

人们通常把突然出现的较大的且令人忧虑的中断了连续生活进程的事

件称为危机。从心理的角度我们可以这样认为:危机是生活目标的受阻所导致的,人们通常以为用常规的选择和行为无法克服这种阻碍。

危机是一把“双刃剑”,它使人产生无法摆脱的困难而不得不中断正常的生活进程,它威胁到人的生活,给人的生活造成灾难,同时会对人的生理和心理健康发展带来消极的影响。但危机是可以战胜的,一旦人们度过了危机,就会获得人生的一个新的起点。

德国著名哲学家博尔诺夫认为,危机不是一种偶然现象,而是人生的一个组成部分,带有必然性,只要人生存着,就必然会遇到这样或那样的、来自外部或产生于内部的危机。“具有合理功能的危机必然属于生活的一部分。”

(二)个体的成长与危机

人的生活处处充满危机,人在危机中学会坚强、磨炼意志、砥砺人生、走向成功。危机对于生命的发展,不只具有破坏性,而且也具有积极的意义,它内含于生命的成长过程中,博尔诺夫也指出:“向某个新的生命阶段的过渡只有通过危机才能得以实现。因此即使是在青春期表现得最为突出的那种成熟危机也不是令人遗憾的伴生现象,而是与成熟的过程必然地联系在一起的。如果不能坚定地度过危机,人就不能获得内在的独立性。只有在危机中或者经历过危机我们才能成熟起来。”可见,危机属于人的本质,超越危机是个体成长必经的历程。

危机是“坏事”还是“机会”,关键看当事人对待危机的态度。一方面,危机是危险的,它可能导致个体严重的病态,包括杀人和自杀;另一方面,危机也是一种机会,它带来的痛苦会迫使当事人寻求帮助,促使个体的成长和自我完善。

有人说成长的过程是痛苦的,这是因为危机是生命的一部分,个体的生命在危机中得以完善和辉煌。

(三)直面生命危机

叔本华曾说过,人生是痛苦和无聊之间的钟摆。人的诗意生存并不总是澄清透明,它总是被外物蒙蔽,生命的追求往往因此误入歧途。一方面,复杂而迅速变化的世界令生活在其中的人有时难免会无所适从,这时危机与挫折就在所难免;另一方面,危机是个体成长必经的历程,超越危机是超越生命、获取自身完善的途径。

危机问题是可以得到解决的。危机的严重程度,对生命的打击程度,因人而异。当个体以乐观的态度处世，相信自己直面危机的能力，那么危机就会退缩、消亡；而当个体对自己应对危机的能力失去信心，那么，危机就强大起来，甚至足以威胁个体的生命。

危机与磨难也是我们人生路上的一道风景，聪明的人懂得不让它驻足在自己的眼里，而是继续去追求其他亮丽的风景，那么人的心情就会变得越来越舒畅，脚步也会变得更加欢快。在成功者眼里，那些接踵而至的危机与苦难并不能滞留他们的脚步，苦难更是一种激发他们前进的助推剂。林肯在 22 岁时做生意挫败，23 岁竞选州议员失败，24 岁做生意再次失败，31 岁竞选选举人团失败，34 岁竞选国会议员失败，46 岁竞选参议员失败，47 岁竞选副总统失败，49 岁竞选参议员再次失败，但在 51 岁终于当选为美国总统，并被美国公众认为是美国历史上最伟大的总统之一。过多的失败与苦难并没有让林肯丧失前进的动力，林肯的成功只是在于他面对挫折与危机时保持了乐观的心态，尽快地忘记自己所遭遇的苦难，很快从失败的阴影中走了出来。2002 年盐湖城冬奥会双人雪橇金牌获得者冯奈塔·弗劳尔，曾经是出色的田径运动员，曾两次备战奥运会，皆因左腿肌腱撕裂而使努力付之东流。她也因此而伤心过、绝望过，但她却没有因此而一蹶不振，而是积极寻找自身的新的潜力、尝试新的领域，最终在滑雪项目上实现了自己的“奥运冠军梦”。

不要只羡慕成功者头上的光环，更要看看他们成长过程中的苦难和汗水。

认识到这一点，我们就不会幻想自己的人生之路一帆风顺而对危机缺少必要的心理准备。我们就会在危机来临之时，平静地接受，理智地面对，勇敢地超越。

那些不被我们所期待却常常猝不及防降临的磨难和苦楚，是时刻警醒我们的悬梁之索、刺股之锥、强心之剂，是生命最难能可贵的馈赠。

阅读材料 9-3

美国的西点军校军纪严明，考核严格，一贯以“魔鬼训练营”著称。在这所名噪一时的著名学府，有一个很有意思的考试科目却一直鲜为人知。

这个学校有个规定，每个毕业生在毕业前都要经过这项测验，在空旷地带挖一个深洞，里面安装一个高四米、直径为两米的金属圆桶，其内壁光滑无比，受训之人被放进这个圆桶之中，给他一夜的时间从里面出来，如果不能通过这项考核，受训者不仅考试成绩按零分算，还将会无一例外地受到处罚，被人从上面抛泥土盖顶，埋至半腰深。

自从这个测验设置以来，几乎每个西点军校的毕业生都不能徒手走出那个圆桶，所以，他们在这个测验上的成绩上无一例外是零分。这个零分的纪录一直保持着，直到一个年轻人的出现，才终结了这个无人打破的纪录。

这个年轻人在毕业考试时，同样也经历了这项特别测验。当他像别人一样被放在四壁光滑的金属圆桶之内时，与别人不同的是，他是个喜欢思考的人。面对这个金属圆桶，他动起了脑筋：既然设置了这个测验，它充其量也只是一个难题而已，肯定能破解。不然，设立这样一个测验就毫无意义。

可是，面对这个没有任何着力点的金属圆桶，人高马大的他同样也没有办法超越生理上的极限，根本不能空手从这只金属圆桶脱困而出。他在这只桶里整整待了一夜。

第二天，主考官见到他与以前的那些被考核者一样仍然无法走出圆桶，就让手下的士兵向金属圆桶里抛掷泥土。这时刚刚还很平静的他立刻站了起来，他并没有像别人一样等着泥土抛洒的惩罚，而是左右闪动身体，并迅速地把那些泥土踏在脚下。

不一会，一个出人意料的情景出现了：那些抛下的泥土在他的精心堆积下，竟成了一个越来越高的土堆，随着上面抛洒的泥土越来越高，终于，他站在那个土堆上，双手搭在金属圆桶的边沿，他成功地脱困了。当他翻身站立在金属圆桶之上时，主考官走上去握着他的手祝贺说："恭喜你！你在这项考核中获得了满分。"

原来，作为一个人，若不借助工具，根本无法从那个内壁光滑的金属圆桶中脱困。因此，上面抛下来的泥土就是唯一的工具，就看应试者能否把握住这一点。

那一年，他——道格拉斯·麦克阿瑟以 98.14 分的平均分毕业于西点军校，据说这是西点军校 25 年来毕业学员中分数最高的。

"危机"往往意味着生命中的"转机"，人生中难免会遇到类似的困境，坐以待毙只是懦夫的行为。唯有智慧而积极地因地制宜，化危险为转机，才能获得人生考试中的满分。

青少年往往对自己面临的危机状态缺乏冷静的分析和理智的思考，往往认定没办法了，只有死路一条，思考变得极其狭隘，对现实充满绝望。

其实，在现实生活中有很多人曾遇到过更加深刻的痛苦，最终他们也可以克服过去。从统计角度去看，即使遇到再大危机的个体，也是大有机会可以生存下去的，人们都应该有这一点信心及希望。

在考虑任何极端的处理方式之前，给自己一些空间和时间。不管遇到什么挫折，什么危机，一定要相信，这样的危机和挫折一定会过去，我们的生命将会重新焕发生机和光彩。曾经看过这样一篇文章：应邀访美的女作家在纽约街头遇到一位卖花的老太太。这位老太太穿着相当破旧，身体看上去又很虚弱，但是她脸上满是喜悦。女作家挑了一朵花说："你看起来很高兴。"

"为什么不呢？一切都这么美好。"

"你很能承担烦恼。"女作家又说，然而老太太的回答令女作家大吃一惊。"耶稣在星期五被钉在十字架上的时候，那是全世界最糟糕的一天，可三天后就是复活节。因此，当我遇到不幸时，就会等待三天，一切就恢复正常了。"

等待是一个升华的过程。当矛盾无法解决，当困难接踵而来，当灾难几乎毁灭自己的时候，当一切必须面对、必须解决、不能逃脱的时候，你要告诉自己去等待，等待就有希望。等待三天，告诉自己让心情平静、祥和、耐心；等待三天，让心灵净化，让思想在领悟中升华，让思维在逆转中改变方向，也许会柳暗花明，海阔天空。不管怎样，只要生命不灭，就还有希望的灯火。

在考虑任何极端的处理方式之前，不妨找自己信赖的人谈谈。不要试图去独立处理危机问题而加重自己的负担，别人也许不能够代替你解决问题，但单是跟他们诉说你如何到现在的地步，就已经帮助你消除很多压力，同时也可增加个人的资源和能力，使你重获身心平衡。

一位割腕自杀未遂者说："经常看到很多人自杀，或者想自杀，我想劝他们，不要轻易放弃自己的生命。""自杀真的很痛苦，遇到想不开的事，只要跟亲人朋友好好谈谈，就会好起来的。现在一切都过去了，从零开始。"

不管是外在的危机——如亲人的离去、事业的失败、恋爱的挫折、疾病的威胁，还是内在的危机——如对自我的失望、生活信心的丧失、性格的抑郁，都不足以使我们为之放弃生命。一位德高望重的老教授曾说过一句话：从某种角度看，成功是偶然的，失败才是常态。只有经历失败，才能体验成功；只有超越危机，才能获取成长；只有珍爱生命，才能迎接希望。生命是宇宙创造的奇迹，世界上最珍贵的只能是生命。我们在前面也分析过，自然生命是个体发展的前提和基础，人只有先生存着，才能更好地体现生命的价值。

三、充实“生命”

（一）生命的责任

针对大学生自杀事件，北京大学社会学系夏学銮教授说过：“一个人活着应该有家庭责任感和社会责任感，选择自杀，这种行为是自私的。如果一个人连自己的生命都不珍惜，他就是不负责任。”

是的，即使是一个最卑微的人，他的生命也有应有的价值与分内的职责。除非意外死亡，或是自然死亡，否则只要活着，就有责任。受过良好教育、被誉为“未来国家之栋梁”的大学生，理所当然地承担着多方面的人生责任。

自我责任要求大学生充实自身知识储备，注重自身全面发展。生命是一个奇迹，是神圣的、令人敬畏的，我们有责任珍惜它、呵护它，让它变得更加美好、更加完善。虽然生命是属于自己的，我们也没有权力去消极对待。

大学生承担的角色责任意味着大学生要孝敬父母、赡养老人、善待身边所有的人。我们在父母无微不至的呵护中长大成人，我们有责任尽一份孝心，有责任在父母逐渐老去之时尽我们的赡养义务。不珍惜自己的生命，就是逃避自己为人子女的责任，难道我们忍心，让自己的父母在年老的时候艰难蹒跚，却没人搀扶一下他的臂弯？孩子是父母的精神支柱和生命寄托，个体对生命不负责任，受害最深的往往就是父母。美国弗吉尼亚校园枪击案发生之后，赵承熙父母一度因悲痛和承受不了世人的指责而试图自杀；杀害四位室友的马加爵，其姐姐在承受巨大丧亲之痛的同时，向受害者家属下跪以求宽恕；某大学生自杀身亡之后，母亲承受不住打击而精神失常……即使生命遇到了危机，我们也要记住，在很大程度上，我们不是为自己活着。

大学生承担的社会责任意味着大学生要为国家、民族甚至整个人类的进步贡献自己的力量。年轻时的周恩来“为中华之崛起而读书”，当代大学生也担负着同样的使命。大学生是“早晨八九点钟的太阳”，过早地陨落是整个教育的损失。

珍惜生命，勇敢担负生命的责任，才是大学生应有的精神风貌。

阅读材料 9-4

如果你不能成为山巅上一棵挺拔的松树，
就做一棵山谷中的灌木吧！
但要做一棵溪边最好的灌木；

如果你不能成为一棵参天大树，
那就做一片灌木丛林吧！

如果你不能成为一丛灌木，
何妨就做一棵小草，给道路带来一点生气！
你如果做不了麋鹿，
就做一条小鱼也不错！
但要是湖中最活泼的一条！

我们不能都做船长，总是有人当船员，
不过每人都得各司其职。
不管是大事还是小事，
我们总得完成分内的工作。

做不了大路，何不做条羊肠小道，
不能成为太阳，又何妨当颗星星；
成败不在于大小——
只在于你是否已竭尽所能。

——道格拉斯·马洛奇

（二）生命的意义

人不同于动物，就在于人活着是有意义的，动物为活着而活着，无理想、无追求，只有本能的满足，但人是有意识的，为生命的意义而生存。美国当代著名的思想家丹尼尔·贝尔说过："每个社会都设法建设一个意义系统，人们通过它们来显示自己与世界的联系……在这些领域里丧失意义就会造成一种茫然困惑的局面。"

那么生命的意义到底是什么呢？意义分析学派大师弗兰克尔认为，生命的意义因人而异，因日而异，甚至因时而异。一个人不能寻求抽象的生命意义，每个人都有独特的天职和使命，需要具体地去实现。因此，意义治疗学认为"能够负责"是人类存在的最主要的本质。生命是有意义的，我们有寻求意义的意志，这是我们活着的主要动机，我们有在思想与行动中发现意义的自由。人们对于生命意义的追寻是生活的基本动力，或者说是第一位的动力。

著名作家毕淑敏则说："没有人会替你确定人生的意义，但如果你无法确定人生的意义，你将一辈子活在无意义状态里面。大到每一天，小到每做一件事，你都会感到无名的痛苦，因为你不知道往什么地方走。所以，每个人必须为自己的人生确定意义。”

可见，对生命意义的追求是人们的基本人生态度。如果我们感悟到了生命的意义，生命就会充满活力，就能充分体验到生活的幸福，否则，就会觉得心灵空虚，就会感到精神苦闷甚至绝望。

因此，我们不得不思索，在这短暂的人生中，我们将会为世界留下些什么？我们如何为自己的人生“确定一个意义”？

王晓刚教授结合弗兰克尔的意义疗法，就如何寻求生命的意义，给大学生提出了如下建议：

一是实践体验。弗兰克尔告诉我们，生命的意义既不能模仿也不能引进，它只能由每个人在各自不同的存在环境中寻找和发现。在生活中我们会遭遇顺利、挫折、平淡、成功、失败等各种人生境遇。我们可以在应对各种人生境遇的挑战中、在生命力的发挥及创造中思考自己生命的意义。我们可以在生活实践中体验生命的魅力，并在体验中领悟，在领悟中提升自我。

二是心灵修养。可以通过加强心灵修养的方式，心中时刻充满着希望，始终保持对生命的信仰，这样不仅赋予我们生存的勇气，而且使生命有着不断超越的动力，由此创造出生命的意义和价值。

三是融入群体。奥地利著名心理学家阿德勒认为，“生命的意义就在于：对同类感兴趣，作为团体的一分子，为人类幸福贡献出自己的一份力量”，这是生命的“三项任务”。因而，大学生可以通过融入集体生活、对他人感兴趣、相互合作，在人际交往和真诚奉献中追求生命的意义。

四是学会感恩。维尔特在对2.5万名大学生进行调查研究后发现，大学生缺乏对生命意义的理解的主要原因之一就是缺乏感恩。感恩尤为重要，因为它可以让人们体会生命的意义。因而，我们从学会感恩开始做起，以感恩的心态面对自己、他人、群体以及社会，这有助于了解生命的意义和价值，有助于珍惜生命、尊重他人。

生命短暂，不要感觉青春是永久的，可以任由自己挥霍；不要感觉生命是无穷的，可以永远期待明天。将活着的每一天都当作生命中的最后一天，我们才会更珍惜自己的生命，还原生命本来的意义。

大学生都熟悉保尔的那段生命感悟：“人最宝贵的是生命，生命每个人只有一次。人的一生应该这样度过：当他回首往事的时候，不因虚度年华而悔恨，也不因碌碌无为而羞愧；这样，在临死的时候他就能够说：‘我的整个生命和全部精力，都献给了世界上最壮丽的事业——为人类的解放而斗争。’”我们的人生，亦应该这样度过；我们的生命，亦应该有如此收获。

实验实训

生命教育团体训练

（一）体验生命历程

1. 成长的历程（“蛋和鸡”）

目的：使学生在游戏过程中体验到挫折和成长，对于即将面临的大学生活做好适应准备。

步骤 1：介绍游戏规则，用肢体语言代表小鸡成长的四个阶段，分别是“蛋—刚出壳的小鸡—单腿鸡—鸡”四个阶段（蹲着的是鸡蛋，半蹲并双手搭成塔尖状的是小鸡，单腿直立的是半成年鸡或叫单腿鸡，双腿直立的是成年鸡。为了使大家产生更直观的认识，可以请出四名同学示范）。

步骤 2：所有同学抱膝蹲下围成一圈，做蛋状，用石头剪子布两两对决，胜利的成长一级，失败的后退一级（如小鸡赢了就长成了半成年鸡，输了就退回到鸡蛋；鸡蛋输了还是鸡蛋）。长成成年鸡后退到边上观看别人的成长。在成长的过程中，每个人根据其他人肢体语言表现的成长状态，寻找和自己同一阶段的进行石头剪子布两两对决，胜利的成长，失败的后退。

步骤 3：等场上变成“鸡”的同学达到一定比例之后喊停，请一直在蛋的状态和变成单腿鸡以后又打回蛋的，以及最终变成鸡的三类同学代表谈谈体会。

步骤 4：分享：成长过程不是一帆风顺的，有挫折也有反复；只要肯坚持和努力，都会有收获并不断成长。

2. 求生锦囊

目的：培养应对困难和挫折的意识和技能。

步骤 1：班级成员分组围圈坐下，每组 8～10 人均可。

指导语：有一天你被歹徒劫持了，他们把你带到千万里以外的陌生之地，并抢走了你所有的财物，甚至连衣服都没有留下……所幸你的身体没有受到严重的伤害，你将如何克服困难，回到亲人身边？

步骤 2：请大家掀起头脑风暴，寻找所有可能的脱困方法，越多越好。小组之间比一比，哪个小组求生锦囊里的妙计最多最好。

注意:对成员提出的所有脱困建议都无条件表示赞赏。

3. 包容生命

目的:引导学生对生命的宽度、厚度进行体验,领悟生命的伸缩度、包容度和潜能。

步骤1:将一杯盛满水的透明杯子呈现在成员面前,让他们预测在不让水溢出来的前提下,这个杯子里最多能放入几枚回形针。根据学生预测的数目,缓缓放入回形针。

步骤2:分享。生命的包容度往往超出我们的想象,培养开阔心胸,接纳生活的各种顺境与逆境。

4. 让生命飞翔

目的:引导学生把负面情绪表达出来,面对生命本身的不完美,使他们领悟到即使有所残缺,生命仍可以自由飞翔。

步骤1:发给每个学生一张白纸,白纸代表一个完整的生命。让他们根据自己的内心感受,把生命中失去的部分和不愿意面对的部分,按照比例撕掉。然后,和大家一起,把残缺的白纸折成纸飞机放飞。

步骤2:分享。如果生命不能飞翔,那么,沉重的不是生命,而是心灵。

(二)思考死亡、向死而生

1. 墓志铭

人只有直面死亡才能有资格去追问生命的意义。2007年11月谷歌中国区总裁李开复在杭州几所高校演讲时说,很多人不知道自己到底想成为什么样的人,有一个很有效的方式,认真想一想,自己死后在墓志铭上写些什么,然后按它去做。

目的:引导学生体验死亡,使他们更加珍惜活着的每一天。

步骤1:请学生拿出纸和笔,写下自己的墓志铭,然后交流分享。

步骤2:分享。写下你的墓志铭,在某种意义上讲,你就总结了一生。你不可能伪造一个声名显赫的人居住在你的墓志铭下,那是别人而不是你。你也不可能把一大堆不属于你的功绩记在他的名下,因为那也不是你。你到底是怎样一个人,墓志铭只有如实写来。这个游戏的好处就是,你还有足够的时间来重新拟订你的墓志铭。如果你对自己的平庸不满意,你还有时间重振雄风。如果你对自己的浅薄不满意,你还有时间走向深沉。如果你对自己的专业不满意,你还可以选择职业。如果你对自己的性格不满意,你还来得及重塑形象。

2. 人生新脚本

目的:引导学生反思生命历程,探索最适合自身的人生规划。

步骤 1:请学生仔细思考,为自己设计几个“人生脚本”,请他们想象一下,自己临终的时刻,更愿意看到哪一个自己。

步骤 2:分享。人生有亿万条道路供我们选择,要时常问一下自己的内心,自己真正渴望的人生之路是什么,只有最适合自己的,才是最好的道路。

(三)生命价值探索

目的:引导学生在体验“失去”的过程中,探索生命中最珍贵的东西。

步骤 1:请学生在纸上写下自己生命中最宝贵的五样东西。这五样东西,可以是实在的物体,比如食物、水或钱;可以是人和动物,比如父母、朋友;可以是精神的追求,比如宗教或理想;可以是爱好和习惯,比如旅游、音乐或吃素;可以是抽象的事物,比如祖国或哲学;也可以是具体的物品,比如一个瓷瓶或一组邮票。

步骤 2:生命之舟遭遇动荡,必须舍弃五样中的一样,请学生将其中的一样东西丢弃,即在纸上将这一样彻底划去,丢弃后永不能再寻回。

步骤 3:用同样的方式,引导学生依次划去“剩余四样中的一样”“剩余三样中的一样”“剩余两样中的一样”,最后,学生的纸上只能留下一样东西,这便是个体生命中最宝贵的一样。在这个过程中,请你细细体察丧失之感所引发的痛楚。

步骤 4:请学生分享在这个过程中的心情,以及为什么“舍弃”和“留下”。

步骤 5:分享。毕淑敏曾说,遇到难以作出的决定,请想想你的五样。心理健康的人不是没有问题,而是他能有效地解决问题。尽量使你的决定和你的价值观相吻合,这是心灵健康的不二法门。

体验感悟

生命中的梦想与计划方阵

罗伯特·迪尔茨在研究了迪斯尼王国的创始人沃尔特·迪斯尼后发明了 NLP 技巧即“迪斯尼法”。这个方法可以帮你实现生命中的梦想,并为梦想展开真实的行动,追求有意义的人生。

“迪斯尼法”要使用到三个角色:梦想者、实干者、批评者。顾名思义,梦想者就是指要发挥创造力,要不受限制地进行充分想象;实干者就是要努力实现梦想者所设想的东西;批评者的主要功能是考虑梦想者与实干者所想的现实可行性。事实上,在我们的日常思考中也会用到这三个角色,但与

“迪斯尼法”不同的是，我们经常让这三个角色交叉起来。为什么这样说呢？相信每个人都有过这样的经验，每当自己在设计梦想时，内心总有一个质疑的声音：“这可能吗？”

“迪斯尼法”的要点在于，它应用了平行思维的原理。这三个角色是按照顺序出场的，彼此各行其是，不会交叉。这样将会最大限度地发挥你的创造力，并与此同时照顾到整体性。当我们思考时，这三个角色是必不可少的。试想，如果这三个角色中少了一个或两个会发生什么样的情况呢？而在平常思考时，我们总会无意识地忽略掉某一个角色，这些都是“迪斯尼法”所能够避免的。下面，让我们介绍“迪斯尼法”的具体使用步骤：

(1)选定一个要思考的具体事件。

(2)在三张白纸上分别写上梦想者、实干者和批评者。然后，将它们放在地上。

(3)先站在梦想者的纸上，集中思考你最想得到什么，最想看到什么，没有限制地发挥自己的想象力。在这一步骤，最重要的就是不要自我设限。每当有“不可能”“太离谱”这些想法出现时，就必须把它们扔得远远的。就像在你的大脑里有一幅摔跤的画面，你要把对手举起来扔得远远的，同时你可以随心所欲地得到你想要的结果。这个方法可以用来消除任何限制性想法。一定要注意，在这个步骤里，不让自己受限是至关重要的。

(4)充分想象后，从梦想者的纸上走出来，做点别的事情，可以是走几步或想点其他事，不用太长时间，几秒钟即可。然后，站在写有实干者的纸上，集中精力思考如何实现刚才梦想者所设想的，你要不断地问自己怎样才能做到，此时也要把“做不到”等念头抛开。

(5)想完如何才能做到后，从实干者中走出来，同样做点别的事情，几秒钟后，站在写有批评者的纸上。然后，开始考虑有什么漏洞，刚才梦想者和实干者所想的东西中有哪些是和现实情况最相符的。

(6)从批评者的纸上走出来后，可根据实际情况选择，看应该再站入哪个角色考虑，直到你有了满意的方案为止。

以上即为“迪斯尼法”的全套步骤。对这个方法熟练后，就可以把这个步骤简化，可以不必站到写有三个角色的纸上，而直接在三张空白纸上写下你的设想，其他要领不变。

下面，请你来亲自感受一下这个方法，选出一件目前需要你仔细规划的事情，然后怀着轻松好奇的心情做这个练习，实践“迪斯尼法”：

所选事件：

梦想者：

实干者：

批评者：

最终方案：

推荐书籍

1. 李永强. 生命的觉察. 北京：中国工人出版社，2007.

这是一本非常另类的成功心理学读物，书中的观念与方法会让你耳目一新，而且没有任何空洞的说教，这就是它与别的心理励志类读物不一样的地方。阅读本书你会发现，你就是自己内心世界的国王，你已经拥有了拓展心灵疆域的内在资源，走在生命成长的路上，你并不孤单。

2. 刘济良，等. 生命的沉思. 北京：中国社会科学出版社，2004.

生命是一个不可预知的遭遇过程，我们无法绝对地肯定或把握。本书以当代生命哲学研究所取得的成果为理论基础，为生命教育指明了方向——即从理念上要关注、珍视独特生命的价值向度和精神特征，尊重和呵护真实生命的独特生命体验和可贵的生命激情。因此，它能够引导学生去认识和体验生命，去把握生命流动过程中创造力火花闪现的美好瞬间，享受价值生命超越的高峰体验。

3. 周殿富. 生命美学的诉说. 北京：人民文学出版社，2004.

这是一本能够呼唤出你的优美性情的书。它是健康的、有趣的、智慧的、好看的；它有思想亦包含着思想的表情。它在营养读者心灵的同时，也使我们不断对建造生命中的“人格大厦”充满希望与激情。

[43] 王革,刘伟.大学生职业生涯规划.咸阳:西北农林科技大学出版社,2008.
[44] 王文鹏,王冰蔚.高校学生心理健康教育与指导.北京:清华大学出版社,2011.
[45] 王晓刚.大学生心理健康.北京:清华大学出版社,2008.
[46] 魏运华.自尊的心理发展与教育.北京:北京师范大学出版社,2007.
[47] 吴继霞,黄辛隐.大学生心理健康学.上海:学林出版社,2007.
[48] 吴素香.善待生命:生命伦理学概论.广州:中山大学出版社,2011.
[49] 吴畏.大学生心理健康.苏州:苏州大学出版社,2009.
[50] 徐宪江.情绪掌控术.北京:新世界出版社,2011.
[51] 姚本先.大学生心理健康教育.合肥:安徽大学出版社,2011.
[52] 姚萍.大学生心理健康与咨询.北京:北京大学出版社,2010.
[53] 叶素贞.情绪管理与心理健康.北京:北京大学出版社,2007.
[54] 于祥成,彭萍.大学生生涯规划与发展.长沙:湖南大学出版社,2009.
[55] 袁卫星.生命课:一个学生的必修课程.天津:天津教育出版社,2006.
[56] 张鹤.和焦虑保持距离.北京:经济管理出版社,2004.
[57] 张云.大学生心理健康向导.上海:华东师范大学出版社,2007.
[58] 章劲元,郭晓丽.大学心事——心理咨询师与你聊成长.武汉:华中科技大学出版社,2011.
[59] 赵启正.生命的方向:让梦想照亮生命的山河.北京:求真出版社,2011.
[60] 郑莉君,潘聪绒.自我提升研究进展与未来走向.沈阳师范大学学报,2009(1).
[61] 郑晓江.生命忧思录.福州:福建教育出版社,2012.
[62] 郑晓江.生命与死亡:中国生死智慧.北京:北京大学出版社,2011.
[63] 钟谷兰,杨开.大学生职业生涯发展与规划.上海:华东师范大学出版社,2008.
[65] 周殿富.生命美学的诉说.北京:人民文学出版社,2004.

后　记

加强和改进大学生心理健康教育是全面贯彻党的教育方针，提高大学生心理健康素质的重要途径。依据教育部《普通高等学校学生心理健康教育工作基本建设标准》和《普通高等学校学生心理健康教育课程教学基本要求》的明确要求，各高校可以根据学生培养目标，结合本校实际情况，设计心理健康教育课程体系。为此我们从课程设置及教学特点出发，围绕大学生的心理健康、自我意识、人格发展、生涯规划、人际交往、情绪管理、恋爱心理、挫折应对、生命教育与危机应对等主题，编写了这本《大学生心理健康教育与实训指导》教材。

本教材由浙江财经学院心理健康教育与咨询实验中心主任王宇航教授和浙江财经学院心理健康教育研究所所长白羽副教授担任主编，参加编写的有：刘光宁（第一章），王春霞（第二章），徐飞（第三章），刘国珍（第四章），王宇航（第五章），罗金艳（第六章），亓奎言（第七章），白羽（第八章），李晓娟（第九章）。全书由主编王宇航、白羽确定大纲和框架，并负责统稿和定稿，副主编徐飞、李晓娟分别就各自负责的章节进行了统稿。

教材注重大学生心理素质和实际应用能力的培养，框架结构新颖，特色鲜明，集知识传授、心理体验与行为训练于一体，力图突破传统教材的思路和描述语言，凸显心理训练对大学生自我探索技能、心理调适技能及心理发展技能的作用，为广大学生和一线教师提供可读性强、操作性强、参与性强的课程用书，同时也为推进大学生心理健康教育工作科学化建设，发挥课堂教学在大学生心理健康教育中的主渠道作用做一点实实在在的工作。由于编撰时间较短，如有不足之处敬请提出宝贵意见。

本书在编写过程中，借鉴了国内外有关著作和研究成果，我校教师刘向前、沈水法、金国权、施周婷、赵春珍、徐奇伟等对本书给予了热心帮助，在此一并表示感谢。

《大学生心理健康教育与实训指导》编写组

2012 年 12 月